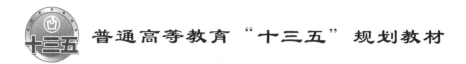

普通高等教育"十三五"规划教材

地理信息建模与分析

李恒凯 编著

北 京

冶 金 工 业 出 版 社

2025

内 容 提 要

本书基于地理学、数学、计算机科学等多学科知识，根据地理学发展和地理信息科学专业的教学需求，将数学方法与计算机技术应用于地理信息建模，并结合具体实例分析了其原理和应用方法。主要内容包括：地理模型概念及思维，地理信息数据介绍及处理过程，经典统计模型，空间统计建模，时间序列建模，灰色系统建模，模糊数学建模，决策分析建模，非线性建模等模型方法。

为了方便教学，本书配备了丰富的数字资源，其内容包括大量相关的数据和上机实习指导。

本书可作为高等院校环境、遥感、地理测绘、海洋、农业、地矿、水利、经济、管理信息等学科的本科生及研究生教材，也可供地理信息科学、遥感科学与技术、测绘科学与技术、测绘工程等领域研究人员和工程技术人员参考。

图书在版编目(CIP)数据

地理信息建模与分析/李恒凯编著 . —北京：冶金工业出版社，2019.12（2025.1 重印）

普通高等教育"十三五"规划教材

ISBN 978-7-5024-8313-5

Ⅰ.①地…　Ⅱ.①李…　Ⅲ.①地理信息系统—系统建模—高等学校—教材　Ⅳ.①P208

中国版本图书馆 CIP 数据核字（2019）第 283447 号

地理信息建模与分析

出版发行	冶金工业出版社	**电　话**	(010)64027926	
地　址	北京市东城区嵩祝院北巷 39 号	**邮　编**	100009	
网　址	www.mip1953.com	**电子信箱**	service@ mip1953.com	

责任编辑　郭冬艳　美术编辑　吕欣童　版式设计　禹　蕊
责任校对　郑　娟　责任印制　范天娇

北京建宏印刷有限公司印刷
2019 年 12 月第 1 版，2025 年 1 月第 3 次印刷
787mm×1092mm　1/16；12.25 印张；292 千字；183 页

定价 39.00 元

投稿电话　(010)64027932　投稿信箱　tougao@cnmip.com.cn
营销中心电话　(010)64044283
冶金工业出版社天猫旗舰店　yjgycbs.tmall.com
（本书如有印装质量问题，本社营销中心负责退换）

前　言

随着社会和科学的不断进步和发展，人类认识世界、模拟世界的能力正在逐渐提高，地理信息科学在其中发挥着重要的作用。地理模型成为地球系统科学的有效工具，并在工程实践中得到了广泛应用。地理模型的产生及应用大大提高了人类认识世界和模拟现实的能力，尤其在解决复杂和综合的地理问题上扮演着重要的角色，成为地理研究中不可缺少的一部分。地理模型是现代地理学的基础，地理模型应用的广泛和深入，使应用模型成为地理系统中数据处理与定量分析的工具，其应用和发展对于研究地理学有着极为重要的意义。

在19世纪50年代和60年代，随着定量化革命的兴起，各种定量研究方法和数学建模的应用极大地扩展了地理研究的广泛性，同时也提高了地理研究成果的可靠性。此后，在自然地理、经济地理和人文地理领域中，大量的地理模型被开发出来以解决不同的研究问题。目前，随着地理模型研究的发展，越来越多的研究者参与到地理模型研究领域，在气候、水文、海洋、环境变化等诸多领域积累了大量的地理模型，比如计量统计模型、空间统计模型、决策分析模型、时间序列模型。从地理模型的应用场景来看，其与具体的研究领域有着一定的联系，而且不同研究领域的建模方法也各具特色。

本书以问题的分析为主体，整合并阐述了各类地理模型方法。本书更多地是强调如何应用这些方法，特别强调了利用这些方法对地理信息问题进行分析和解释。

本书共有9章。第1章是绪论，主要介绍了地理信息、地理模型、地理建模的概念，地理建模的思维导向及地理模型在行业的具体应用。第2章是地理信息数据，分析了地理信息数据来源、处理及特征，讨论了变异系数和基尼系数模型及实际应用。第3章是经典统计建模，主要介绍和讨论了相关分析、回归分析、聚类分析和主成分分析等统计方法的基本原理及其在地理信息科学中的应用。第4章是空间统计建模，介绍了空间自相关分析、趋势面分析、空间插值分析、地统计分析、地理加权回归分析几种典型的空间统计方法在地理信息科学领域的应用。第 5 章是时间序列建模，对常用的移动平均法、自回归法、季节性指数法、马尔可夫法等时间序列分析方法及其在地理学中的应用作一些初步的介绍。第 6 章是灰色系统建模，介绍了灰色理论的产生与发展，并结合有关实例，对常用的灰色预测模型、灰色关联分析模型、灰色评价模型的方法原理及在地理信息科学领域的应用进行分析。第 7 章是模糊数学建模，回顾了模糊理论的产生与发展，介绍和讨论了模糊结合与模糊运算、隶属度函数和贴近度、模糊聚类、模糊评判的基本原理及其在地理信息科学中的应用。第 8 章是决策分析建模，回顾了决策分析的发展与应用，介绍和讨论了 AHP 分析决策、集对分析决策及多属性分析决策三种决策分析建模的基本原理及其在地理信息科学中的应用。第 9 章是非线性建模方法，结合具体实例对目前应用比较广泛且为热点的非线性方法进行了介绍。

本书由李恒凯设计大纲并主持撰写，研究生徐丰、张哲源、肖松松、李子阳、柯江晨、雷军、杨柳、欧彬等参与了相关编写工作。本书在撰写过程中，得到了江西理工大学兰小机教授、刘小生教授、贵州大学李博副教授及江西理工大学建筑与测绘工程学院有关领导、老师的热忱关心与大力支持，在此表示衷心的感谢。

本书由江西理工大学研究生教材建设项目资助出版，在此对江西理工大学在各方面提供的支持和帮助表示感谢。

由于作者水平有限，书中不当之处，敬请广大读者不吝赐教。

作　者

2019 年 9 月

目　　录

1 绪　论

地理学是一门研究地球表层自然要素与人文要素相互关系的科学，它是在人类实践活动的基础上产生发展，具有很强的实践性。地理信息分析与建模，主要应用数学方法和计算机应用技术，通过建立地理模型，定量分析地理要素之间的关系，模拟地理系统的时空演化过程，从而为人地关系的优化调控提供科学依据。本章作为绪论，主要介绍地理信息、地理模型、地理建模的概念，地理建模的思维导向及地理模型在行业的具体应用。

1.1　信息与地理信息

有关信息的定义，最早可追溯到 1948 年美国科学家维纳的控制论，他在《动物和机器中的通讯和控制问题》一书中提出："信息就是信息，不是物质，也不是能量。"后来他又提出新的定义："信息是人和外界互相作用的过程中互相交换的内容的名称。"同年，信息论奠基人美国科学家香农在《通讯的数学理论》一文中，把信息定义为："熵的减少，即能用来消除不定性的东西。"我国信息论专家钟义信在《信息科学原理》一书中对信息的定义为："信息是事物的运动状态和方式。"百度百科对信息定义为："信息是对客观世界中各种事物的运动状态和变化的反映，是客观事物之间相互联系和相互作用的表征，表现的是客观事物运动状态和变化的实质内容。"人通过获得、识别自然界和社会的不同信息来区别不同事物，得以认识和改造世界。

地理信息是指具有空间位置特征的所有信息。南京师范大学闾国年教授根据地理信息产生、传输和转化的规律，将其划分为客观地理信息和主观地理信息。客观地理信息是地理客体之间相互运动及其能量转化的一种表现形式，即信号，是地理客体存在方式、运动状中态和属性的反映。主观地理信息是在对客观地理信息的分析研究基础上，对地理系统特点或规律的认识。人类社会活动的 80% 信息都与地理位置有关，而且人类对地理信息掌握的程度，决定了自身的视野和活动范围。随着现代科学技术的发展，特别是借助近代数学，空间科学和计算机科学，人们已能够迅速地采集到地理空间的几何信息，物理信息和人文信息，并适时适地识别、转换、存储、传输、显示并应用这些信息，使它们进一步为人类服务。

1.2　模型与地理模型

模型是对现实世界中实体或现象的抽象或简化，是对实体或现象中的最重要的构成及其相互关系的表述。在科学研究中，为了揭示客观对象的本质，人们常常借助于实物、文字、符号、公式、图表等，对客观事物的特征、内在联系、变化过程进行概括和抽象描述。抽象方法的不同就构成了不同的模型，如概念模型、物理模型、数学模型、计算模型等。模型来源于实际，又高于实际，与客观世界相比，它更简单、更抽象，是认识问题的飞跃和深化，又是认识客观世界的重要手段。

地理模型是表达地理现象的状态，描述地理现象的过程，揭示地理现象的结构，说明地理现象的分级，认识该现象与其他地理现象之间联系的概念性和本质性的表示方式。任何一种地理模型，都表征着一个地理实体的本质描述，既标志着对实体的认识深度，也标志着对实体的概括能力，从这个意义上看，一个地理模型代表着一种地理思维。

当代信息社会的理论和方法，特别是分形学、混沌学、神经网络理论等研究方法论的发展，使人们从非线性角度、均质性和异质性、稳定性与变异性、渐变性与突变性等角度出发，用数学模型和计算机动态模拟技术，从更加量化和动态的深度去刻画和阐明区域地理要素及其综合属性和地理过程，逐渐成为可能。

1.3　地理建模思维

地理建模包括空间实体对象建模和地理问题建模。空间实体对象是地理特征的抽象，是地理特征的几何表示，它的建模是地理信息系统软件所关注的主要内容。本书面向地理问题建模，主要借鉴统计学、非线性科学、社会学、生态学等相关学科知识分析有关地理环境和人类活动之间的关系。

地理建模思维的过程大体可以分为三个阶段：（1）建模准备阶段。地理学研究问题首先要确定研究对象并对研究对象进行具体而周密的分析，然后找出基于所要研究目标的主次因素，从而为建立模型作好准备；（2）模型建立阶段。在研究者已有认知的前提下，寻找结合点，进行信息整合与加工处理。在深刻挖掘所有信息的基础上，通过思维的高度升华，进行模型构建，并依据有关的理论方法和技术，用符号、数学公式表达所有关系，通过推导运算将其简化；（3）模型论证阶段。任何一种模型以及由其得出的理论仅仅是实际问题的近似，因此，模型必须相对原型更能体现出问题的实质，需要进一步地进行模型检验与实际情况检验，当检验结果不符合要求时，要重新对模型进行修正，直至检验符合要求。

在模型建立阶段，如何选择和构建合适的模型，尤为重要。当前，地理建模主要有三种基本思维方法，即问题导向、范式导向和方法导向。

"问题导向"原则认为学术研究应以解决问题为最高目标，无论是理论性的问题，还是实际工作中出现的问题。问题和问题意识之所以重要，是因为它们是学术研究的起点和核心。科学是一种解决问题的活动，科学方法从某种问题开始，甚至可以说问题导向就是科学研究存在的理由。当面对一个具体地理问题时，问题导向要求不要受到其他条条框框限制，专注于问题本身。在理清问题的前因后果和来龙去脉后，找出问题的核心和关键，然后，研究解决问题的途径和方法，如图1-1所示。如果有现成的技术和方法可以应用，就直接用它们解决问题，否则，寻找新的技术和方法解决问题。

以离子吸附型稀土开采的高空间分辨率遥感影像识别为例，来说明"问题导向"

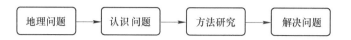

图 1-1 问题导向的思维方式

建模方法的应用。离子型吸附稀土是国家重要战略资源,被广泛应用于国民经济生产的各个领域。由于矿点多位于偏远山区,矿区分散,非法开采屡禁不止,高空间分辨率遥感技术为这一问题提供了解决思路。图 1-2 为离子稀土开采现场照片,图 1-3 稀土矿区标志性地物遥感影像图。总结不同稀土开采工艺的共同特点,开采中的稀土矿点都有集中分布的注满浸矿液或稀土母液的沉淀池,在遥感影像上具有明显的颜色、形状和空间分布特征,以此作为稀土开采识别标志,构建识别模型,进行稀土开采过程提取。在该建模过程中,从要解决的问题着手,找出问题的核心是沉淀池状态及其空间分布关系的识别,在此基础上构建,构建了面向对象的稀土开采高分遥感影像识别方法。

图 1-2 稀土开采现场照片

a—使用中的堆浸场;b—废弃的堆浸场;c—原地浸矿沉淀池;d—原地浸矿高位池

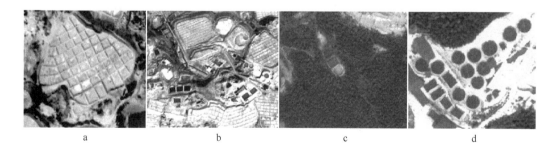

图 1-3 稀土矿区标志性地物遥感影像图

a—废弃的堆浸场;b—开采中的堆浸场;c—原地浸矿高位池;d—原地浸矿沉淀池

"范式"指常规科学所赖以运作的理论基础和实践规范,是从事某一科学的研究者群体所共同遵从的世界观和行为方式。"范式导向"强调研究范式的重要性,注重研究问题所采用的范式,如图 1-4 所示。其思维方式为,在分析和解决问题之前,由于受传统的或成功的经典范式影响，研究者头脑中已经自觉或不自觉地形成了一个先入为主的必将套用的研究范式，然后采用该范式解决问题。当范式不适合解决当前问题时，修改问题以便于向范式靠拢或者改进范式以适应问题。

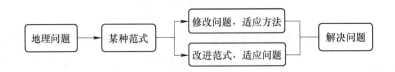

图1-4　范式导向的思维方式

以基于 GIS 和灰色评价的超市选址模型为例，说明"范式导向"建模方法的应用。零售业被称为"选址的产业"，合适的空间区位是超市盈利的先决条件。随着社会经济的发展，商业竞争日趋激烈，影响超市选址的因素也更加错综复杂，传统的依据经营者主观经验的选址方法，缺乏直观性和科学依据，已经不能适应形势的需要，采用空间信息技术构建新的选址方法尤为重要。而在空间分析中，常把选址问题转化为评价问题，构建超市选址的指标体系，然后采用多种数学评价方法进行待选点评价，择优即为最佳选址点，如图1-5 所示。如构建基于 GIS 技术和灰色评价理论的超市选址模型，既发挥了 GIS 对空间数据的强大的管理和分析功能，又较好地解决了选址过程中涉及的信息不完全、不明确的问题。

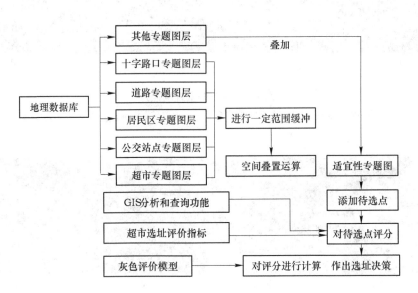

图1-5　超市选址逻辑结构图

"方法导向"的思维方式，在未遇到问题之前，头脑中先考虑出用什么方法去解决问题，然后带着这种框框去研究和解决问题，如图1-6 所示。

对建筑物进行沉降监测不仅是观测其在工程时刻的沉降值，更为重要的是根据已观测的量值，通过建立一定的模型来预测其在未来某一时刻的可能沉降值，进而分析其安全性，将可能的损失消除在萌芽状态或最大限度地减轻损失。引起建筑物沉降的因素包括基

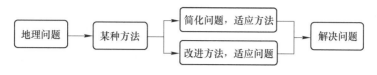

图 1-6　方法导向的思维方式

础设计形式、上部荷载、场地工程地质和水文地质条件、基建施工质量等，包含大量灰色信息，把受各种因素影响的沉降量视为在一定范围内变化的与时间有关的灰色量，从其自身的数据列中挖掘有用信息，建立 GM(1，1) 模型来寻找和揭示建筑物沉降的潜在规律，对建筑物沉降量做出预测，是一种有效的监测途径。由于 GM(1，1) 预测建模要求采用的数据间隔为等时距的，而实际工程中的监测数据通常并不是按等间隔时间进行测量，所以把不等时间间隔观测所得数据插值为可以在灰色理论中应用的相等时间间隔的拟合数据，然后就可以采用 GM(1，1) 模型进行预测，该方法就是典型的方法导向，即简化问题，适应方法。

“问题导向”的研究思路一般可避免或减少研究结果的失真现象，并较易获得创造性的成果。这种研究思路符合人们的思维规律，按这种思路，在遇到问题时，要求我们不是急于寻找解决问题的方法，而是力求全面正确地认识问题。从而为合理解决问题奠定一个良好的基础。按着这种研究思路，在正确认识问题之前，要求我们脑子里没有任何框框的限制，待正确地认识问题之后，再充分利用自己的经验和知识看是否有现成的方法，如果没有，则研究创造新的方法去解决问题，如此可激励创造性思维，更容易获得创造性的成果。

按“范式导向”和“方法导向”的思路去研究解决问题，由于在遇到问题之后，带着某种方法和范式的框框研究问题，在无意中限制了思维范围。在研究工作中不是根据问题的需要，研究解决问题，而是有意无意地用脑子里浮现的方法和范式的条条框框去套问题，可能造成问题过于简化，导致对问题的失真研究和结果不合理。由于思想上的框框限制了创造性思维，研究中往往只是对原有方法进行修修补补的改进，而不容易获得创新成果。

解决错误问题引起的失误比错误地解决正确问题引起的失误要多得多，在实际解决地理问题时，我们要坚持问题导向，但实际研究中往往并不容易，尤其对于一些已初步掌握一定的地理建模方法和模式，但还缺乏实践锻炼的初学者，要避免陷于“给小孩一把锤子，他发现他遇到的任何东西都需要敲打”的误区。

1.4　地理模型应用

地理模型是现代地理学研究中定量分析、模拟运算、预测、决策、规划及优化设计的手段，它是认识地理问题的桥梁，是地理科学发现和创新研究的工具。以地理信息科学和遥感为代表的空间信息技术的发展为地理模型的应用提供了丰富的数据来源和表达方法，极大促进了地理模型在各行业的广泛应用。按照地理模型分析方法划分，主要包括如下模型。

1.4.1　相关分析

相关分析是研究两个或两个以上处于同等地位的随机变量间的相关关系的统计分析方法，是各种地理要素数据之间相互关系分析的一种有效手段。如运用统计相关分析方法定量地揭示地理要素的相关程度；运用回归分析方法给出地理要素之间的定量表达关系；运用灰色关联度分析方法给出地理要素之间相互关系的密切程度。

如图1-7所示为采用GIS技术构建的寻亲地理信息服务平台中的记忆寻亲推荐功能，该功能即是根据丢失寻亲大数据中丢失人员和寻亲人员丰富的时空数据，采用相关分析方法，构建寻亲关系匹配模型，智能推荐出相似寻找人，从而提高寻亲准确率。

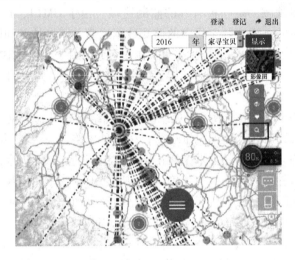

图1-7　采用相关分析方法的记忆寻亲推荐

1.4.2　趋势面分析

趋势面是一种抽象的数学曲面，它抽象并过滤掉了一些局域随机因素的影响，使得某一事件要素的空间分布规律明显化。当前，趋势面分析被广泛地应用到模拟环境、资源、疾病、人口、农业、经济等要素在空间上的分布规律中，如重金属元素在农田中的分布、空气污染物在城市空间的分布等，传统的方法是使用纵横剖面图和立体图来表示，最常见的是用等值线图来表示。等值线图通常用实测值的一个点与周围最近点作线性插值求得，在一定程度上带有工作者的主观片面性，也不能充分反映区域性的变化趋势和非线性变化。而采用趋势面分析方法，以研究具体环境事件属性值在空间上的分布规律，具有重要的实践意义和应用价值。

1.4.3　聚类分析

聚类分析方法可以对多因素及其之间的相似性程度进行分析，来研究区域之间的差异，是定量研究地理事物分类问题和地理分区问题的重要方法。遥感影像处理软件中的图像分类就是聚类方法的典型应用，例如，利用HJ-CCD影像作为数据源，采用最大似然分类方法对某县土地利用进行分类。伴随着空间数据挖掘技术的兴起，聚类分析在地学领域的应用引起了广泛的重视。尤其是近年来传感器技术的发展与普及，时空聚类分析成为海量时空数据分析的一个重要手段，且已成为聚类分析领域最前沿的一个研究方向。

1.4.4 空间分布分析

主要是对地理要素的分布特征及规律进行定量分析。例如，采用平均值、方差、变异系数、峰度、偏度等统计量描述地理要素的分布特征；运用分形几何理论研究地理要素分布形态的分形特征等；采用最邻近点指数、不平衡指数、地理集中指数等，对地理事物的空间分布进行定量分析；采用标准离差椭圆方法来描述人口空间分布的离散趋势。图 1-8 为采用 GIS 技术构建的寻亲地理信息服务平台中的丢失热力图，结合丢失人口地理空间数据库，制作出全国各地区的丢失热力图，直观反映各地区丢失高发区，并实现动态宏观展现出各个地区的人员丢失情况变化，同样也可以通过时间轴的形式来对历年热力图进行动态展示。

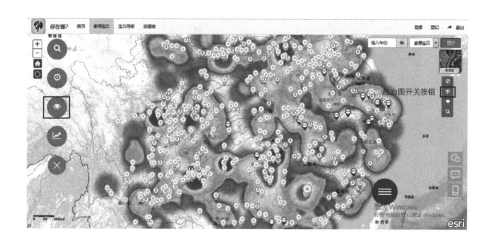

图 1-8　丢失人员的空间分布

1.4.5 预测、评价与决策分析

用于研究地理对象的动态发展，根据过去和现在推断未来，根据已知推测未知，运用科学知识和手段来估计地理对象的未来发展趋势，并做出判断与评价，形成决策方案，用以指导行动，以获得尽可能好的实践效果。如大坝安全监测中采用多元回归分析、神经网络、灰色预测模型等多进行大坝变形数据的安全评价和预报，从而对大坝安全进行监控。如图 1-9 所示为采用灰色无偏新陈代谢模型进行大坝变形预测的用户界面。

1.4.6 空间扩散分析

空间扩散是指事物通过个体或群体在空间上进行传输的过程，即从源点扩散到其他与之直接或间接接触的新的位置。主要包括三种扩散类型：扩展扩散、等级扩散和迁移扩散。1953 年，哈格斯特朗首次提出空间扩散的问题，国外学者主要对知识、技术创新、信息、区域等的空间扩散及其模型进行了大量的研究。我国学者对空间扩散的应用分析始于 20 世纪 80 年代，研究内容涉及文化、知识技术创新、城市经济系统、旅游、疾病和企业等空间扩散众多领域。空间扩散分析通常采用 GIS 技术进行扩散结果的可视化展示与查询，如图 1-10 所示为河道中污染物浓度的空间扩散查询。

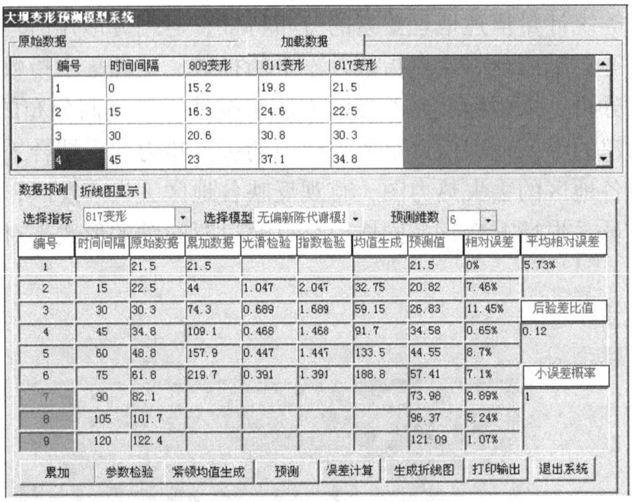

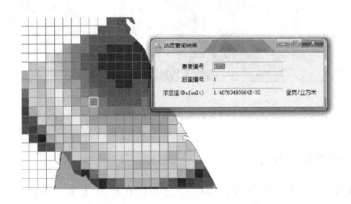

图 1-9　大坝变形预测界面

图 1-10　基于 GIS 的污染物扩散查询

1.4.7　时空间行为分析

个体行为是理解城市社会空间形成的重要手段，也是联系制度环境变化和社会空间形成之间的重要桥梁。自从哈格斯特朗创立了时间地理学的理论框架以来，时空间行为研究已经发展成为城市地理学、城市规划学和交通规划学中一种很具影响力的研究方法。近年来，随着国内外时空间行为研究的数据采集、计算挖掘、三维可视化与时空模拟等理论与技术的日益革新，以及基于 GIS 的分析工具和高质量个体时空行为数据的发展，大大促进了时空间行为研究的主题多样化和应用工具化，以及向社会、经济领域的应用拓展。如通过网络爬虫对宝贝回家等寻亲网站的寻亲数据获取其丢失人口空间地理位置，并基于空间地理位置分别对全国各省市丢失人口进行统计，对数量、性别、年龄、地区等各项指标进行了详细具体分析，得到 1970～2016 历年寻亲折线图，如图 1-11 所示。数据显示在 20 世纪 80～90 年代丢失人数呈大幅上升趋势，1990～2016 年逐渐下降回归正常。

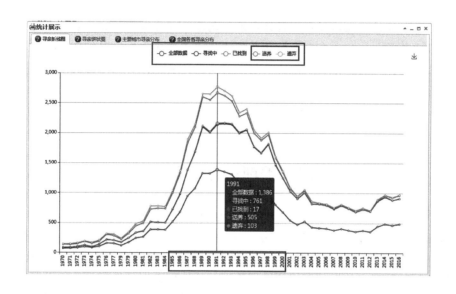

图 1-11　寻亲数据时空统计分析

思考与练习题

1. 地理信息和地理模型各有何特点？
2. 结合实例说明地理建模的思维过程。
3. 地理建模三种思维方法的优缺点各是什么？
4. 举例说明地理模型还有哪些应用？
5. 试谈一谈你自己对地理模型的认识？
6. 结合实例，思考地理模型如何与 GIS 结合进行处理与分析实际问题。

2 地理信息数据

地理信息数据是地理建模和分析的基础，也是 GIS 的血液。随着 GIS 的发展，地理信息数据呈现出数量大、种类多和结构复杂的特征。本章在分析地理信息数据来源、处理及特征基础上，讨论了变异系数和基尼系数模型及实际应用，以对地理数据的分布特征和统计特征有更深刻的认识。

2.1 地理信息数据来源

地理数据（geographical data）是指表征地理圈或地理环境固有要素或物质的数量、质量、分布特征、联系和规律等的数字、文字、图像和图形等的总称。地理信息（geographical information）是有关地理实体的性质、特征和运动状态的表征和一切有用的知识，是对地理数据的解释。从地理实体到地理数据、从地理数据到地理信息的发展，反映了人类从认识物质能量到获取信息数据，再到信息加工的巨大飞跃。地理信息属于空间信息，其位置的识别是与数据联系在一起的，这是地理信息区别于其他类型信息的一个最显著的标志。

地理信息数据来源的途径可分为观测数据、实验数据和统计数据三种类型。

2.1.1 观测数据

观测数据是指通过观测仪器获取的数据，包括台站观测数据、定点观测数据、遥感观测数据等。

（1）台站观测数据，是指在气象台和水文站等台站常年观测得到的数据，如降水、气温、径流量、含沙量等数据。

（2）定点观测数据，是指野外科研实验站对特定地表要素进行定点观测取得的数据，如对冰川、冻土、沙丘、泥石流、沙尘暴等的移动和变化进行观测记录的数据。

（3）遥感观测数据，是指利用卫星和飞机搭载仪器对地观测获得的数据，如对卫片、航片等影像处理所得的资料数据。

2.1.2 实验数据

实验数据是指利用实验仪器设备分析样品或模拟环境动力得到的数据，主要包括样品分析数据和模拟实验数据。

（1）样品分析数据，是指将野外采集的土样、水样、冰芯等样品经过物理、化学分析所得到的沉积粒径、元素含量、年代测定等分析数据。

（2）模拟实验数据，是指在实验室内通过模拟不同自然环境动力得到的数据，主要包括土壤侵蚀模拟、风洞模拟实验等得到数据。

2.1.3 统计数据

统计数据是指通过全面统计或随机抽样调查获得的数据，主要包括统计年鉴数据、抽样调查数据、测量统计数据等。

（1）统计年鉴数据，是指各级政府统计部分在统计年鉴中公布的经济统计数据，如产值、产量、人口、收入、消费等数据。

（2）抽样调查数据，是指通过社会抽样调查统计获得的数据，如流动人口构成、购买意愿及消费行为等数据。

（3）测量统计数据，是指野外定点测量得到的数据，如草丛高度、树木胸径、底层厚度、砾石倾向等数据。

2.2　地理信息数据处理

任何关于地理问题的研究都涉及数据处理，整个研究过程就是从数据采集到数据处理的过程。对于采集的各种数据，按照不同的方式方法对数据形式进行编辑运算，清除数据冗余，弥补数据缺失，形成符合用户要求的数据文件格式。数据处理是实现空间数据有序化的必要过程，是检验数据质量的关键环节，是实现数据共享的关键步骤。地理信息数据的处理，是所有地理问题研究的核心环节。

就地理信息系统而言，尽管它兼备地理数据采集与管理的功能，但是地理数据处理是其核心功能，而所有数据处理功能都是建立在一定的数学方法基础上完成的。运用数学的方法主要有两个目的：（1）运用数学语言对地理问题进行描述，建立地理数学模型，从更高更深层次上揭示地理问题的机理。（2）运用有关数学方法，通过定量化的计算和分析，对地理数据进行处理，从而揭示有关地理现象的内在规律。因此，为了更好地发挥地理信息数据的处理功能，还应重视应用模型的作用。在地理信息建模与分析中，地理信息系统是地理信息数据处理的先进工具，而数学方法是其强力的支撑。

2.3　地理数据基本特征

对于不同的地理实体、地理要素、地理现象、地理事件、地理过程，需要采用不同的测度方式和测度标准进行描述和衡量，这就产生了不同类型的地理数据。尽管地理数据的种类是多样的,信息是海量的,但是一般来说,所有的地理数据都有如下几方面的基本特征。

2.3.1　数量化、形式化与逻辑化

定量化的地理数据是建立地理数学模型的基础，其作用为：确定模型的参数、给定模型运行的初值条件、检验模型的有效性。数量化、形式化与逻辑化，是所有地理数据的共同特征。在计算地理学中，对于地理数据的形式化、逻辑化提出了更高的要求，要求

"整体"和"大容量"的地理数据具有统一的数据形式和交换标准。

2.3.2　不确定性

地理数据的不确定性广泛地存在于 GIS 研究中，例如 GIS 的拓扑关系的不确定性、一般曲线的不确定性、空间对象的不确定性、数据属性的不确定性、空间分析中的数据不确定性与遥感集成导致的不确定性等。地理数据存在拓扑关系、空间位置和空间依赖关系这三种与地理特征属性有关的信息。

由于这些信息是随时间连续变化的，而且受到测量仪器的精度、项目经费、人力资源等方面的诸多限制，这样生产出来的地理数据只是地理现实的近似。地理数据与所要表达的地理现实之间存在一个基本的差异，即不确定性。在 GIS 中，这种不确定性通过空间分析传播，也许还会进一步被放大。

地理数据的不确定性研究的主要内容包括：（1）地理数据采集和处理过程中的地理数据不确定性问题；（2）位置、边界、属性不确定性问题；（3）逻辑不一致性和数据不完整性；（4）空间分析中不确定性的传播规律以及可视化表达方法；（5）决策过程中的地理数据不确定性；（6）地理数据不确定性有关的标准规范，包括地理数据不确定性评价标准、地理数据不确定性控制标准、地理数据不确定性表达规范、地理数据质量管理规范等。

2.3.3　多种时空尺度

地理数据的多尺度可以从空间多尺度和时间多尺度来进行说明：（1）空间多尺度：空间数据以其表达的空间范围大小，分为不同的层次，即不同的尺度；（2）时间多尺度：指数据表示的时间周期及数据形成周期有不同的长短。从空间尺度上来看，描述地理区域的各种地理数据，具有多种空间尺度既有全球尺度的、洲际尺度的、国家尺度的、也有流域尺度的、地区尺度的、城市尺度的、社区尺度的。从时间尺度上看，描述地理过程的各种地理数据具有多种时间尺度，如历史年代、天、月、季度、年等。

2.3.4　多维性

对于一个地理对象的具体意义要从空间、属性、时间三个方面综合描述：空间方面，描述该地理对象所处的地理位置和空间范围，一般需要 2~3 个变量；属性方面，描述该地理对象的具体内容，至少需要 1 个以上，多则需要十几个、甚至几十个变量；时间方面，描述该地理对象产生、发展和存在的时间范围，需要 1 个变量。由此可见，地理数据的这种多维性，被人们描述为地理数据立方体（the geographical data cube），如图 2-1 所示。

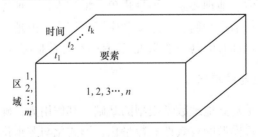

图 2-1　地理数据立方体

2.4 变 异 系 数

2.4.1 问题的提出

变异系数（Coefficient of Variation，CV）：当需要比较两组数据离散程度大小的时候，如果两组数据的测量尺度相差太大，或者数据量纲的不同，直接使用标准差来进行比较不合适，此时就应当消除测量尺度和量纲的影响，而变异系数可以做到这一点，它是标准差与其平均数的比。CV 没有量纲，但是按照其均数大小进行了标准化，这样就可以进行客观比较了。因此，可以认为变异系数和级差、标准差和方差一样，都是反映数据离散程度的绝对值。其数据大小不仅受变量值离散程度的影响，而且还受变量值平均水平大小的影响。

2.4.2 变异系数模型原理

变异系数又称"标准差率"，是衡量资料中各观测值变异程度的另一个统计量。当进行两个或多个资料变异程度的比较时，如果度量单位与平均数相同，可以直接利用标准差来比较。如果单位和（或）平均数不同时，比较其变异程度就不能采用标准差，而需采用标准差与平均数的比值（相对值）来比较。标准差与平均数的比值称为变异系数，记为 CV。变异系数可以消除单位和（或）平均数不同对两个或多个资料变异程度比较的影响。

变异系数的计算公式为：

$$CV = \frac{S}{\mu} \tag{2-1}$$

式中，S 为标准差；μ 为均值。

$$\mu = \sum_{i=1}^{n} X_i / n \tag{2-2}$$

$$S = \sqrt{\frac{1}{n} \sum_{i=1}^{n} (X_i - \mu)^2} \tag{2-3}$$

式中，假设有一组数值 X_1，X_2，X_3，$\cdots$，X_n（皆为实数），其平均值（算术平均值）为 μ。

变异系数越小，变异（偏离）程度越小，风险也就越小；反之，变异系数越大，变异（偏离）程度越大，风险也就越大。

变异系数的作用：反映单位均值上的离散程度，常用在两个总体均值不等的离散程度的比较上。若两个总体的均值相等，则比较标准差系数与比较标准差是等价的。有时变异系数表达为百分数的形式，即将 CV 值乘以 100%。

变异系数的应用条件：当所对比的两个数列的水平高低不同时，就不能采用全距、平均差或标准差百行对比分析，因为它们都是绝对指标，其数值的大小不仅受各单位标志值差异程度的影响；为了对比分析不同水平的变量数列之间标志值的变异程度，就必须消除水平高低的影响，这时就要计算变异系数。

　　CV 的数值大小：虽为百分数，但大于 1，也可以小于 1。

2.4.3　实例分析

　　通过前面的介绍，我们知道通过变异系数的大小能够反映地理数据分布的波动程度。本实例所分析的南岭山地森林区是位于湘桂、湘粤、赣粤交界处，行政区划包括江西、湖南、广东和广西等 4 省（区）34 县。

　　为了分析南岭山地森林区植被净初级生产力（*NPP*）空间变化的波动程度，本实例采用变异系数法进行研究。而变异系数能够反映植被 NPP 年际间波动程度，变异系数越大，说明年际间波动大，反之则较为稳定，波动小。根据式（2-1）~式（2-3）计算得出2001~2013 年南岭植被 *NPP* 变异系数的空间分布，如图 2-2 所示。

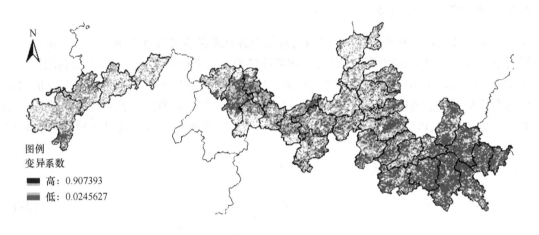

图 2-2　2001~2013 年南岭植被 *NPP* 变异系数空间分布示意图

　　结合图 2-2 可以看出，湖南省的双牌县、蓝山县南部、临武县南部等地，江西省的上犹县、崇义县和大余县等地变异系数较大，说明该地区植被 *NPP* 的波动较为剧烈，双牌县和崇义县拥有大面积的森林和湿地，是原生型亚热带常绿阔叶林、天然针叶林和珍稀濒危野生动植物的集中分布区，是湘江、赣江和北江的发源地，但同时双牌县石漠化严重，崇义县由于矿山开采导致山体和植被的破坏较为严重；蓝山县南部、临武县南部以及大余县拥有大面积的森林，是湘江、赣江、西江和东江的发源地，拥有高山沼泽湿地，水资源极为丰富，但同时临武县的森林面积在 10 万公顷以内（区域内大部分县的森林面积都在10 万公顷以上），矿产资源“采选冶”产生的固体废物以及排放的尾矿水在湖南省居首位，大余县也是由于矿山开采导致植被破坏以及水源的污染较为严重；上犹县由于水土流失较为严重，地质灾害频发，人为活动频繁，天然植被遭到破坏，造成生态系统出现退化。而南岭东部以及西部等大部分地区变异系数相对较小，说明该地区植被 *NPP* 的波动较小，生态系统较为稳定。

2.5 基尼系数

2.5.1 问题提出

基尼系数是 20 世纪初意大利经济学家基尼根据洛伦兹曲线所定义的判断收入分配公平程度的指标。基尼系数是比例数值，在 0 和 1 之间，是国际上用来综合考察居民内部收入分配差异状况的一个重要分析指标。基尼系数，按照联合国有关组织规定：

（1）若低于 0.2 表示收入绝对平均；

（2）0.2~0.3 表示比较平均；

（3）0.3~0.4 表示相对合理；

（4）0.4~0.5 表示收入差距较大；

（5）0.5 以上表示收入差距悬殊。

经济学家们通常用基尼指数来表现一个国家和地区的财富分配状况。这个指数在 0 和 1 之间，数值越低，表明财富在社会成员之间的分配越均匀；反之亦然。通常把 0.4 作为收入分配差距的"警戒线"。一般发达国家的基尼指数在 0.24~0.36 之间，美国偏高，为 0.4。

2.5.2 基尼系数模型原理

基尼系数是根据洛伦兹曲线找出判断分配平等程度的指标，如图 2-3 所示。

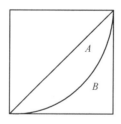

图 2-3 洛伦兹曲线

设实际收入分配曲线和收入分配绝对平等曲线之间的面积为 A，实际收入分配曲线右下方的面积为 B。并以 A 除以 $A+B$ 的商表示不平等程度。这个数值被称为基尼系数或称洛伦兹系数。如果 A 为零，基尼系数为零，表示收入分配完全平等；如果 B 为零则系数为 1，收入分配绝对不平等。该系数可在 0~1 之间取任何值。收入分配越是趋向平等，洛伦兹曲线的弧度越小，基尼系数也越小，反之，收入分配越是趋向不平等，洛伦兹曲线的弧度越大，那么基尼系数也越大。如果个人所得税能使收入均等化，那么，基尼系数即会变小。

基尼系数的计算公式为：

$$G = 1 - \sum_{i=1}^{n} P_i (2Q_i - W_i) \tag{2-4}$$

式中，$Q_i = \sum_{k=1}^{i} w_k$ 为从第 1 组到第 i 组的累积收入比重。

2.5.3　实例分析

本实例利用 GIS 对区域统计单元的人口经济数据和统计单元地图数据进行图形属性一体化管理，人口经济数据主要存储各个统计单元历年人口数据和历年的 GDP 数据，进而获得各统计单元历年人均 GDP 数据。通过区域历年的人均 GDP 数据，可以对这些数据进行集中化与均衡度分析，包括基尼系数分析、集中指数分析、变异系数分析，以从不同角度了解整个区域经济发展状况。

为了揭示经济现象分布的基本格局，常常需要计算相关经济数据分布的集中化与均衡度指数，本模型采用人均 GDP 数据，利用多种方法从多角度对其进行计算，具体如下：

首先利用基尼系数来分析各个区域间人均收入分配的差异状况。其计算方法为：首先，通过区域统计单元历年人口数据和 GDP 数据，得到各个区域统计单元历年的人均 GDP 数据。然后，对于每一年，分别将区域内各统计单元按人均 GDP 按由高到低进行排序，按照排序顺序，分别计算人均 GDP 由低到高的各统计单元 GDP 占整个统计区域 GDP 的比重 W_i，人口占统计区域比重 P_i。

然后，利用集中化指数来定量化地表示统计区域人均 GDP 分布的集中程度。其指数构造公式为：$I_i = (A - R)/(M - R)$。其中 I_i 表示第 i 年的区域各个统计单元人均 GDP 集中指数；A 表示各统计单元人均 GDP 占整个统计区域人均 GDP 总和的比重按从大到小排序后的累积百分比总和；R 表示各统计单元人均 GDP 均匀分布时的累积百分比总和；M 表示各统计单元人均 GDP 集中分布时的累积百分比总和。

最后，利用变异系数计算各统计单元人均 GDP 的相对变化程度。参照式（2-1），本例计算公式为：

$$C_v = \frac{1}{x} \times \sqrt{\frac{1}{n-1} \sum_{i=1}^{n} (x_i - \bar{x})^2}$$

式中，n 为区域统计单元的个数；x_i 为第 i 个统计单元人均 GDP 数据；$\bar{x}$ 为统计区域人均 GDP 数据。

通过上述公式，计算江西省 2001～2008 各年度的各地级市人均收入的基尼系数、人均 GDP 集中指数和人均 GDP 变异系数。计算结果如表 2-1 所示。

表 2-1　江西省基尼系数、人均 GDP 集中化指数和变异系数

时间	2001 年	2002 年	2003 年	2004 年	2005 年	2006 年	2007 年	2008 年
基尼系数	0.222	0.223	0.237	0.243	0.246	0.248	0.254	0.259
集中化指数	0.617	0.655	0.672	0.647	0.637	0.612	0.606	0.585
变异系数	0.43	0.446	0.459	0.473	0.482	0.485	0.498	0.529

从表2-1可以看出，2001～2008年，江西省各地级市之间的人均收入的基尼系数均在一个正常范围之内，说明江西省的各个地级市人均收入分配是相对比较合理的，但是基尼系数呈逐年递增的趋势，地级市之间人均收入分配差异在变大，贫富差距在拉大，所以政府部门应该进行必要的宏观调控，避免出现两极分化。从2001～2003年，集中化指数是增大的，即集中化程度变大，通过系统查询人均GDP数据可知，人均收入高的地方集中在南昌，景德镇，新余等地区，从2003～2008年，该指数呈下降趋势，即集中化的程度变小，各个地区的发展朝比较均衡的方向发展。从表1变异系数可以看出，江西省各市之间的经济发展水平的相对差异基本是增大的趋势，这一变化与江西省宏观经济政策变动的时间，趋势大体一致，区域经济政策对地区间经济发展差异的变化有很大影响，个别地区有国家或者省里的政策支持，得到了优先发展的机会，有的地方则相对发展缓慢。

思考与练习题

1. 地理数据有哪些来源，在使用这些数据时，要注意什么问题？
2. 数学方法在地理信息数据处理中的意义是什么？
3. 举例说明变异系数及其应用？
4. 表2-2为江西省2008年各县GDP数据及人口数据，试计算人均GDP变异系数及近似计算基尼系数。

表2-2 2008年江西省各县经济数据

县 名	GDP总量/亿元	人口/万人	人均GDP/元	县 名	GDP总量/亿元	人口/万人	人均GDP/元
贵溪市	172.2	58.5	29436	奉新县	46.9	30.8	15227
南昌县	225.01	95.6	23537	浮梁县	42.7	28.1	15196
德兴市	70.97	31.5	22530	崇义县	30.8	20.3	15172
分宜县	66.4	32.1	20685	安义县	40.86	27.4	14912
芦溪县	55.2	28.6	19301	横峰县	30.87	21.1	14630
新建县	134.88	71.6	18838	龙南县	43.82	30.7	14274
樟树市	98.5	54	18241	井冈山市	21.92	15.7	13962
进贤县	134.19	79.8	16816	南丰县	38.2	28.6	13357
上高县	54.6	34.2	15965	广丰县	112.2	85.9	13062
上粟县	73.97	46.8	15806	宜丰县	36.8	28.2	13050
大余县	46.73	29.81	15681	靖安县	18.26	14.4	12681

县　名	GDP总量/亿元	人口/万人	人均GDP/元	县　名	GDP总量/亿元	人口/万人	人均GDP/元
乐平市	106.5	84.6	12589	莲花县	23.96	25.8	9287
丰城市	169	134.5	12565	万载县	45.3	50.1	9042
南城县	37.75	31	12177	金溪县	26	28.8	9028
永修县	45.28	37.4	12107	黎川县	21.5	24	8958
东乡县	52.17	43.3	12048	赣县	54.1	60.5	8942
铜鼓县	16.45	13.7	12007	九江县	30.1	34.8	8649
安福县	46.57	39	11941	铅山县	37.5	43.8	8562
新干县	37.38	31.8	11755	信丰县	60.78	71.3	8525
全南县	22.37	19.1	11712	吉水县	42.24	50.6	8348
湖口县	32.75	28.6	11451	宜黄县	18.35	22	8341
峡江县	20.13	17.6	11438	戈阳县	30.49	38.2	7982
定南县	23.26	20.4	11402	南康市	63.46	80	7933
崇仁县	38.2	34.8	10977	寻乌县	24.27	30.7	7906
吉安县	50.05	46.1	10857	宁都县	59.93	76.1	7875
资溪县	11.93	11	10845	上犹县	22.97	29.8	7708
高安市	86.88	80.9	10739	瑞金市	48.33	64.4	7505
瑞昌市	46.31	43.9	10549	上饶县	57.1	76.3	7484
永丰县	45.49	43.4	10482	星子县	18.8	25.4	7402
德安县	23.87	23	10378	彭泽县	26.54	36.5	7271
婺源县	36.46	35.2	10358	余江县	26.97	37.1	7270
泰和县	55.05	53.4	10309	遂川县	39.31	54.9	7160
武宁县	36.6	37.1	9865	万安县	21.54	30.3	7109
万年县	36.35	38.9	9344	玉山县	41	58.5	7009

续表 2-2

县　名	GDP总量/亿元	人口/万人	人均GDP/元	县　名	GDP总量/亿元	人口/万人	人均GDP/元
兴国县	53.83	77	6991	乐安县	20.82	35.7	5832
永新县	32.92	49	6718	石城县	17.79	31	5739
会昌县	31.87	47.7	6681	广昌县	13.31	24	5546
安远县	23.74	36.4	6522	余干县	48.13	95.7	5029
于都县	64.39	99.8	6452	都昌县	30.88	78.3	3944
修水县	48.95	79.4	6165	鄱阳县	59.52	152.2	3911

3 经典统计建模

经典统计建模方法是建立在概率论和数理统计基础上的经典统计分析方法，适用于许多随机地理现象、地理过程与地理事件的处理。本章将结合有关实例，主要介绍和讨论相关分析、回归分析、聚类分析和主成分分析等统计方法的基本原理及其在地理信息科学中的应用。

3.1 相 关 分 析

相关分析是研究两个或两个以上处于同等地位的随机变量间的相关关系的统计分析方法，其目的是用来揭示地理要素之间相互关系的密切程度，地理要素之间相互关系密切程度的测定，主要是通过相关系数的计算和检验来完成。

3.1.1 相关系数

相关系数由著名统计学家卡尔·皮尔逊提出，其目的是为了解决相关表和相关图可反映两个变量之间的相关关系及其相关方向，却无法定量描述两个变量之间的相关程度的问题。相关系数是用来测定地理要素之间相互关系密切程度的统计指标。相关系数的数学定义：按积差方法计算，以两变量与各自平均值的离差为基础，通过两个离差相乘来反映两变量之间相关关系。

皮尔逊相关系数并不是唯一的相关系数，但是最常见的相关系数，因此本书的相关介绍主要围绕皮尔逊相关系数进行展开。根据相关现象之间的不同特征，将反映两变量间线性相关关系的统计指标称为相关系数（相关系数的平方称为判定系数）；反映两变量间曲线相关关系的统计指标称为非线性相关系数；反映多元线性相关关系的统计指标称为复相关系数。根据研究的对象不同，相关系数分为简单相关系数、复相关系数、典型相关系数3种。

（1）简单相关系数：又叫相关系数或线性相关系数，一般用字母 R 表示，用来度量两个变量间的线性关系。

（2）复相关系数：又叫多重相关系数。复相关是指因变量与多个自变量之间的关系。例如：某种商品的季节性需求与其价格水平、职工收入水平等现象之间呈现复相关关系。

（3）典型相关系数：通过对原来各组变量进行主成分分析，得到新的线性关系的综合指标，在通过综合指标之间的线性相关系数来研究原各组变量间的相关关系。

3.1.2 两要素相关关系

3.1.2.1 相关系数的计算和检验

对于两个要素 x 和 y，假设它们的样本值分别为 x_i 和 $y_i(i=1, 2, \cdots, n)$，则它们之间的相关系数被定义为：

$$R_{xy} = \frac{\sum_{i=1}^{n}(x_i - \bar{x})(y_i - \bar{y})}{\sqrt{\sum_{i=1}^{n}(x_i - \bar{x})^2 \sum_{i=1}^{n}(y_i - \bar{y})^2}} \tag{3-1}$$

$$\bar{x} = \frac{1}{n}\sum_{i=1}^{n}x_i \tag{3-2}$$

$$\bar{y} = \frac{1}{n}\sum_{i=1}^{n}y_i \tag{3-3}$$

式中，R_{xy} 为要素 x 和 y 之间的相关系数；$\bar{x}$ 和 $\bar{y}$ 分别表示两个要素样本值的平均值。

相关系数 R_{xy} 是表示该两要素之间的相关程度的统计指标，值介于 $[-1, 1]$ 区间。$R_{xy} > 0$，表示正相关，即两要素同向相关；$R_{xy} < 0$，表示负相关，即两要素异向相关。R_{xy} 的绝对值越接近于 1，表示两要素的关系越密切；越接近于 0，表示两要素的关系越不密切。

当要素之间的相关系数计算出来之后，还需对所求得的相关系数进行检验，这是因为，这里的相关系数是根据要素之间的样本值计算出来的，它随着样本数量多少或采样方式的不同而不同，因此它只是要素之间的样本相关系数，只有通过检验，才能知道它的可信度。

一般情况下，相关系数的检验，是在给定的置信水平下，通过查相关系数检验的临界值表来完成的。表 3-1 给出了相关系数真值 $\rho = 0$（即两要素不相关）时样本相关系数的临界值 r_{α}。

表 3-1　检验相关系数 $\rho = 0$ 的临界值（r_{α}）

$f = n-2$	$\alpha = 5\%$	$\alpha = 1\%$	$f = n-2$	$\alpha = 5\%$	$\alpha = 1\%$	$f = n-2$	$\alpha = 5\%$	$\alpha = 1\%$
1	0.997	1.000	8	0.632	0.765	15	0.482	0.606
2	0.950	0.990	9	0.602	0.735	16	0.468	0.590
3	0.878	0.959	10	0.576	0.708	17	0.456	0.575
4	0.811	0.917	11	0.553	0.684	18	0.444	0.561
5	0.754	0.874	12	0.532	0.661	19	0.433	0.549
6	0.707	0.834	13	0.514	0.641	20	0.423	0.537
7	0.666	0.798	14	0.497	0.623	21	0.413	0.526

$f=n-2$	$\alpha=5\%$	$\alpha=1\%$	$f=n-2$	$\alpha=5\%$	$\alpha=1\%$	$f=n-2$	$\alpha=5\%$	$\alpha=1\%$
22	0.404	0.515	30	0.349	0.449	90	0.205	0.267
23	0.396	0.505	35	0.325	0.418	100	0.195	0.254
24	0.388	0.496	40	0.304	0.393	125	0.174	0.228
25	0.381	0.487	45	0.288	0.372	150	0.159	0.208
26	0.374	0.478	50	0.273	0.354	200	0.138	0.181
27	0.367	0.470	60	0.250	0.325	300	0.113	0.148
28	0.361	0.463	70	0.232	0.302	400	0.098	0.128
29	0.355	0.456	80	0.217	0.283	1000	0.062	0.081

注：$P\{|r|>r_\alpha\}=\alpha$。

在表 3-1 中，左边的 f 称为自由度，其数值为 $f=n-2$，这里 n 为样本数；上方的 α 代表不同的置信水平；表内的数值代表不同置信水平下相关系数真值时的临界值，$P\{|r|>r_\alpha\}=\alpha$ 的意思是当所计算的相关系数 R 的绝对值大于在 α 水平下的临界值 r_α 时，两要素不相关（即 $P=0$）的可能性只有 α。

3.1.2.2　秩相关系数的计算与检验

秩相关系数，又称等级相关系数，或顺序相关系数，是一种非参数统计方法，适用于资料不是正态双变量或总体分布未知，数据一端或两端有不确定值的资料或等级资料。是将两要素的样本值按照数据的大小顺序排列位次，以各要素样本值的位次代替实际数据而求得的一种统计量。它和相关系数一样，也是用来描述两个要素之间相关程度的统计指标，不过，它和相关系数的计算方法不同，其计算方法如式（3-4）所示。

$$R'_{xy} = 1 - \frac{6\sum_{i=1}^{n}d_i^2}{n(n^2-1)} \tag{3-4}$$

$$d_i^2 = (R_{1i}-R_{2i})^2 \quad (i=1,2,\cdots,n)$$

式中，R_1 代表要素 x 的序号（或位次）；R_2 代表要素 y 的序号（或位次）；d_i^2 代表要素 x 和 y 同一组样本值位次差值的平方。

秩相关系数和相关系数一样，对于是否显著，仍需要进行检验。不同之处是，秩相关系数利用秩相关系数临界表进行检验。表 3-2 给出了秩相关系数检验的临界值。

表 3-2 中，n 代表样本个数，α 表示不同置信水平，也称为显著水平，表中的数值为临界值。

表 3-2 秩相关系数检验的临界值

n	显著水平 α		n	显著水平 α	
	0.05	0.01		0.05	0.01
4	1.000	—	16	0.425	0.601
5	0.900	1.000	18	0.399	0.564
6	0.829	0.943	20	0.377	0.534
7	0.714	0.893	22	0.359	0.508
8	0.643	0.833	24	0.343	0.485
9	0.600	0.783	26	0.329	0.465
10	0.564	0.746	28	0.317	0.448
12	0.456	0.712	30	0.306	0.432
14	0.456	0.645	—	—	—

3.1.3 多要素相关关系

3.1.3.1 偏相关系数的计算和检验

在多要素所构成的系统中，简单相关系数可能不能够真实地反映出变量 X 和 Y 之间的相关性，因为变量之间的关系很复杂，它们可能受到不止一个变量的影响。当研究某一个要素对另一个要素的影响或相关程度时，把其他要素的影响视作常数（保持不变），即暂时不考虑其他要素影响，单独研究两个要素之间的相互关系的密切程度，所得数值结果为偏相关系数。例如可以控制工龄的影响，来研究工资收入与受教育程度的相关关系。

偏相关系数，可利用单相关系数进行计算。假设有 x_1、x_2、x_3 三个要素，那么偏相关系数一共有三个，分别为 $R_{12.3}$、$R_{23.1}$、$R_{13.2}$。这三个偏相关系数可通过单相关系数（即零级相关系数）来计算。计算公式如下：

$$R_{12.3} = \frac{R_{12} - R_{13}R_{23}}{\sqrt{(1 - R_{13}^2)(1 - R_{23}^2)}} \tag{3-5}$$

$$R_{13.2} = \frac{R_{13} - R_{12}R_{23}}{\sqrt{(1 - R_{12}^2)(1 - R_{23}^2)}} \tag{3-6}$$

$$R_{23.1} = \frac{R_{23} - R_{12}R_{13}}{\sqrt{(1 - R_{12}^2)(1 - R_{13}^2)}} \tag{3-7}$$

式中，左端项下标点后面的数字代表的是在计算偏相关系数，保持不变的要素。例如 $R_{12.3}$ 表示在要素 x_3 不变的情况下，测度 x_1 和 x_2 之间的相关程度的偏相关系数。

假设有 x_1、x_2、x_3、x_4 四个要素，那么二级偏相关系数一共有六个，分别为 $R_{12.34}$、$R_{13.24}$、$R_{14.23}$、$R_{23.14}$、$R_{24.13}$、$R_{34.12}$。这六个二级偏相关系数可通过一级偏相关系数来计

算。计算公式如下：

$$R_{12.34} = \frac{R_{12.3} - R_{14.3}R_{24.3}}{\sqrt{(1 - R_{14.3}^2)(1 - R_{24.3}^2)}} \tag{3-8}$$

$$R_{13.24} = \frac{R_{13.2} - R_{14.2}R_{34.2}}{\sqrt{(1 - R_{14.2}^2)(1 - R_{34.2}^2)}} \tag{3-9}$$

$$R_{14.23} = \frac{R_{14.2} - R_{13.2}R_{43.2}}{\sqrt{(1 - R_{13.2}^2)(1 - R_{43.2}^2)}} \tag{3-10}$$

$$R_{23.14} = \frac{R_{23.1} - R_{24.1}R_{34.1}}{\sqrt{(1 - R_{24.1}^2)(1 - R_{34.1}^2)}} \tag{3-11}$$

$$R_{24.13} = \frac{R_{24.1} - R_{23.1}R_{43.1}}{\sqrt{(1 - R_{23.1}^2)(1 - R_{43.1}^2)}} \tag{3-12}$$

$$R_{34.12} = \frac{R_{34.1} - R_{32.1}R_{42.1}}{\sqrt{(1 - R_{32.1}^2)(1 - R_{42.1}^2)}} \tag{3-13}$$

同理可知式（3-8）表示在 x_3 和 x_4 保持不变的条件下，x_1 和 x_2 之间的二级偏相关系数，其他二级偏相关系数依次类推。当考虑的要素多于四个时，则可依次考虑计算三级甚至更多级偏相关系数。

偏相关系数的取值范围为 $-1 \sim 1$ 之间。例如，固定 x_1，则 x_2 和 x_3 之间的偏相关系数满足 $-1 \leqslant R_{23.1} \leqslant 1$。当 $R_{23.1}$ 为正值，表示 x_1 固定时，x_2 和 x_3 之间为正相关；当 $R_{23.1}$ 为负值，表示 x_1 固定时，x_2 和 x_3 之间为负相关；偏相关系数的绝对值越大，表示其偏相关程度越大。

偏相关系数的显著性检验一般采用 t 检验法。其计算如下：

$$t = \frac{R_{12.3\cdots m}}{\sqrt{1 - R_{12.3\cdots m}^2}}\sqrt{n - k - 1} \tag{3-14}$$

式中，$R_{12.3\cdots m}$ 为偏相关系数；n 为样本数；k 为自变量个数。

3.1.3.2 复相关系数的计算和检验

一个要素的变化往往受多个因素的影响，而单相关分析或偏相关分析不能反映各要素的综合影响。要解决这一问题，就必须采用复相关分析法。复相关系数是测量一个变量与其他多个变量之间线性相关程度的指标。它不能直接测算，只能采取一定的方法进行间接测算。复相关系数越大，表明要素或变量之间的线性相关程度越密切。

复相关系数可通过单相关系数和偏相关系数计算得到，假设 y 为因变量，x_1，x_2，$\cdots$，x_k 为自变量，则将 y 与 x_1，x_2，$\cdots$，x_k 之间的复相关系数记为 $R_{y.12\cdots k}$，其计算公式如下：

当有 2 个自变量时，

$$R_{y.12} = \sqrt{1 - (1 - r_{y1}^2)(1 - r_{y2.1}^2)} \tag{3-15}$$

当有 3 个自变量时，

$$R_{y.123} = \sqrt{1 - (1 - r_{y1}^2)(1 - r_{y2.1}^2)(1 - r_{y3.12}^2)} \tag{3-16}$$

当有 k 个变量时，

$$R_{y.12\cdots k} = \sqrt{1 - (1 - r_{y1}^2)(1 - r_{y2.1}^2)\cdots\left[1 - r_{yk.12\cdots(k-1)}^2\right]} \tag{3-17}$$

复相关系数介于 0 ~ 1 之间，即复相关系数越大，则表明要素之间的相关程度越密切；复相关系数为 1，表示完全相关；复相关系数为 0，表示完全不相关；复相关系数必大于或至少等于偏相关系数的绝对值。

复相关系数的显著性检验采用 F 检验法进行，计算公式如下：

$$F = \frac{R_{y.12\cdots k}^2}{1 - R_{y.12\cdots k}^2} \times \frac{n - k - 1}{k} \tag{3-18}$$

式中，n 为样本数；k 为自变量个数。不同显著性水平上的临界值可以通过查看 F 检验的临界值表得到。若 $F > F_{0.01}$，则表示在置信水平 $\alpha = 0.01$，其复相关程度是显著的，称为极显著；若 $F_{0.05} < F \leqslant F_{0.01}$，则表示复相关在置信水平 $\alpha = 0.05$ 上显著；若 $F_{0.10} \leqslant F \leqslant F_{0.05}$，则表示复相关在置信水平 $\alpha = 0.10$ 上显著；若 $F < F_{0.1}$，则表示复相关不显著，因变量 y 与 k 个自变量之间的关系不密切。

3.1.4 应用实例

表 3-3 给出了某稀土矿区通过三种方法在 Landsat 影像下获得的稀土矿区植被植被覆盖度样本包括像元二分法、FCD 方法、光谱像元分解方法，检验数据采用同期高空间分辨率遥感影像目视解译获得，共 30 个样本。下面我们通过相关分析方法，计算检验数据与不同植被覆盖度获取的植被覆盖度的相关系数，以对植被覆盖度提取方法进行评判。

表 3-3　某地区检验数据与各种方法获得的植被覆盖度

FCD 方法			像元二分法			光谱像元分解法			检验数据		
0.4279	0.2221	0.2541	0.6796	0.4085	0.5284	0.8172	0.5358	0.6734	0.7827	0.5762	0.7098
0.2071	0.2244	0.4855	0.3995	0.4396	0.7578	0.5268	0.5864	0.8220	0.5947	0.5683	0.8168
0.0582	0.0984	0.2917	0.2206	0.2469	0.5235	0.3468	0.3616	0.6640	0.4337	0.4167	0.6795
0.0800	0.0348	0.3812	0.2381	0.1844	0.6234	0.4040	0.3243	0.7524	0.3844	0.3591	0.7747
0.1580	0.0275	0.0199	0.3492	0.1821	0.1555	0.5562	0.3236	0.2426	0.6006	0.3888	0.3184
0.1104	0.2963	0.2460	0.2862	0.6504	0.5025	0.4797	0.8193	0.6583	0.4952	0.7834	0.7134
0.3507	0.3061	0.0507	0.6557	0.6243	0.2285	0.7999	0.7578	0.4121	0.7540	0.7596	0.4542
0.2943	0.3077	0.5129	0.6044	0.5766	0.8155	0.7609	0.7227	0.9201	0.7242	0.7754	0.9438
0.0053	0.3592	0.1196	0.0707	0.6074	0.4743	0.2842	0.7119	0.6768	0.3420	0.7215	0.6399
0.3347	0.6436	0.4984	0.6426	0.8135	0.7006	0.7691	0.8803	0.7840	0.7681	0.8935	0.7698

检验数据用变量 y 表示，像元二分法获得的植被覆盖度用变量 x_1 表示，FCD 模型法获得的植被覆盖度用变量 x_2 表示，光谱像元分解法获得的植被覆盖度用变量 x_3 表示，相关系数计算如下：

$$R_{x_1y} = \frac{\sum\limits_{i=1}^{n}(x_{1i}-\bar{x}_1)(y_i-\bar{y})}{\sqrt{\sum\limits_{i=1}^{n}(x_{1i}-\bar{x}_1)^2 \sum\limits_{i=1}^{n}(y_i-\bar{y})^2}} = 0.9284$$

$$R_{x_2y} = \frac{\sum\limits_{i=1}^{n}(x_{2i}-\bar{x}_2)(y_i-\bar{y})}{\sqrt{\sum\limits_{i=1}^{n}(x_{2i}-\bar{x}_2)^2 \sum\limits_{i=1}^{n}(y_i-\bar{y})^2}} = 0.9815$$

$$R_{x_3y} = \frac{\sum\limits_{i=1}^{n}(x_{3i}-\bar{x}_3)(y_i-\bar{y})}{\sqrt{\sum\limits_{i=1}^{n}(x_{3i}-\bar{x}_3)^2 \sum\limits_{i=1}^{n}(y_i-\bar{y})^2}} = 0.9862$$

$f = 30 - 2 = 28$，在同一置信水平下，随着样本个数的增加，临界值在减小。在显著水平，取 $f = 28$，查表 3-1 可知，在 $\alpha = 1\%$ 下，$r_{0.01} = 0.463$。显然所有的相关系数都远远大于 0.463，这说明检验数据与各种方法估算的植被覆盖度之间都是高度相关，而与检验数据最相关的是光谱像元分解方法，相关系数为 0.9862，优于像元二分法模型的 0.9815 及 FCD 模型的 0.9284，说明尽管总体上三种模型均能反映植被覆盖总体状况，但光谱像元分解模型对于稀土矿区植被覆盖度反演具有更好的应用效果。

3.2 回 归 分 析

回归分析是确定两种或两种以上变量间相互依赖的定量关系的一种统计分析方法，是研究要素之间具体数量关系的一种强有力分析工具，运用这种方法可以建立反映地理要素之间具体数量关系的数学模型，即回归模型。回归分析按照涉及的变量的多少，分为一元回归和多元回归分析；按照自变量和因变量之间的函数关系类型，可分为线性回归分析和非线性回归分析。

3.2.1　一元线性回归模型

一元线性回归模型描述的是两个要素（变量）之间的线性相关关系。假设有两个地理要素 x 和 y，其中 x 为自变量，y 为因变量，那么一元线性回归模型的基本形式为：

$$y_i = A + Bx_i + e_i \tag{3-19}$$

式中，A 和 B 为待定参数；i 为各组观测值的下标；e 为随机变量，$i = 1, 2, \cdots, n$。

记 $\bar{A}$ 和 $\bar{B}$ 分别为参数 A，B 的拟合值，那么一元线性回归模型可修改为：

$$\bar{y} = \bar{A} + \bar{B}x \tag{3-20}$$

式（3-20）代表地理要素 x 和 y 之间的拟合直线，称为回归直线；$\bar{y}$ 为 y 的拟合值，也称为回归值。

利用最小二乘法，当实际观测值 y_i 与回归估算值 $\hat{y}_i$ 的差值平方和最小时，即可获取所需的参数 A、B 的值。求解过程如下：

首先计算实际观测值 y_i 与回归估算值的差值平方和，使其趋近于 0，即：

$$Q = \sum_{i=1}^{n} (y_i - \hat{y}_i)^2 = \sum_{i=1}^{n} (y_i - A - Bx_i)^2 \to 0 \tag{3-21}$$

根据取极值的必要条件，有：

$$\begin{cases} \dfrac{\partial Q}{\partial A} = -2\sum_{i=1}^{n} (y_i - A - Bx_i) = 0 \\ \dfrac{\partial Q}{\partial B} = -2\sum_{i=1}^{n} (y_i - A - Bx_i)x_i = 0 \end{cases}$$

即：

$$\begin{cases} \sum_{i=1}^{n} (y_i - A - Bx_i) = 0 \\ \sum_{i=1}^{n} (y_i - A - Bx_i)x_i = 0 \end{cases}$$

通过对上述方程组进行拆分整理得到：

$$\begin{cases} nA + B\sum_{i=1}^{n} x_i = \sum_{i=1}^{n} y_i \\ nA\sum_{i=1}^{n} x_i + B\sum_{i=1}^{n} x_i^2 = \sum_{i=1}^{n} x_i y_i \end{cases} \tag{3-22}$$

方程组（3-22）即为正规方程组，可以被改写为矩阵形式：

$$\begin{pmatrix} n & \sum_{i=1}^{n} x_i \\ \sum_{i=1}^{n} x_i & \sum_{i=1}^{n} x_i^2 \end{pmatrix} \begin{pmatrix} A \\ B \end{pmatrix} = \begin{pmatrix} \sum_{i=1}^{n} y_i \\ \sum_{i=1}^{n} x_i y_i \end{pmatrix} \tag{3-23}$$

解上述正规方程组（3-22）或方程组（3-23）可以得到参数 A 和 B 的拟合值：

$$\hat{A} = \bar{y} - \hat{B}\bar{x} \tag{3-24}$$

$$\hat{B} = \frac{\sum_{i=1}^{n} (x_i - \bar{x})(y_i - y)}{\sum_{i=1}^{n} (x_i - \bar{x})^2} = \frac{\sum_{i=1}^{n} x_i y_i - \dfrac{1}{n}\left(\sum_{i=1}^{n} x_i\right)\left(\sum_{i=1}^{n} y_i\right)}{\sum_{i=1}^{n} x_i^2 - \dfrac{1}{n}\left(\sum_{i=1}^{n} x_i\right)^2} \tag{3-25}$$

式中，$\bar{x}$ 和 $\bar{y}$ 分别为 x_i 和 $y_i (i=1, 2, \cdots, n)$ 的平均值，即：

$$\bar{x} = \frac{1}{n} \sum_{i=1}^{n} x_i, \bar{y} = \frac{1}{n} \sum_{i=1}^{n} y_i$$

回归模型建立之后，需要对模型的可信度进行检验，只有通过检验的回归模型才是可靠的。线性回归模型的显著性检验一般采用 F 检验法完成。

在回归分析中，y 的 n 次观测值为 y_1，y_2，$\cdots$，y_n 之间的差异，可以使用离差平方和来表示，记为：

$$S = \sum_{i=1}^{n} (y_i - \bar{y})^2 \tag{3-26}$$

可以证明：

$$S = \sum_{i=1}^{n} (y_i - \bar{y})^2 = \sum_{i=1}^{n} (y_i - \hat{y}_i)^2 + \sum_{i=1}^{n} (\hat{y}_i - \bar{y})^2 = Q + U \tag{3-27}$$

式中，Q 为误差平方和或剩余平方和；U 为回归平方和。

$$U = \sum_{i=1}^{n} (\hat{y}_i - \bar{y})^2 = \sum_{i=1}^{n} (A + Bx_i - A - B\bar{x})^2 = B^2 \sum_{i=1}^{n} (x_i - \bar{x})^2$$

通过式（3-27）可以看出，U 对 S 的贡献越大时，Q 的影响就越小，回归模型效果就越好。因此，就可以由统计量 F 衡量回归模型的效果：

$$F = \frac{U}{Q/n - 2} \tag{3-28}$$

式中，F 越大，意味着模型的效果越佳。事实上，统计量 F 服从于自由度 $f_1 = 1$ 和 $f_2 = n - 2$ 的 F 分布，即 $F \sim F(1, n-2)$。在显著水平 α 下，若 $F > F_\alpha(1, n-2)$，则认为回归方程在此水平下是显著的。一般地，当 $F < F_{0.1}(1, n-2)$ 时，则认为方程效果不显著。

3.2.2　多元线性回归模型

在地理系统中，多个（多于两个）要素之间存在相互影响，相互关联的情况相比两个要素之间的更为普遍，因此，多元地理回归模型的建立更具有普遍性的意义。

假设某一因变量 y 受 k 个自变量 x_1，x_2，$\cdots$，x_k 的影响，其 n 组观测值为（y_a，x_{1a}，x_{2a}，$\cdots$，x_{ka}），$a = 1$，2，$\cdots n$。多元线性回归模型的结构形式为：

$$y_a = \delta_0 + \delta_1 x_{1a} + \delta_2 x_{2a} + \cdots + \delta_k x_{ka} + \varepsilon_a \tag{3-29}$$

式中，δ_0，δ_1，$\cdots$，δ_k 为待定参数；ε_a 为误差项。

假设 b_0，b_1，$\cdots$，b_k 分别为 δ_0，δ_1，$\cdots$，δ_k 的拟合值，那么回归方程为：

$$\hat{y}_a = b_0 + b_1 x_1 + b_2 x_2 + \cdots + b_k x_k \tag{3-30}$$

式中，b_0 为常数；b_1，b_2，$\cdots$，b_k 为偏回归系数。

$b_i (i = 1, 2, \cdots, k)$ 的取值通过最小二乘法确定，数学形式为：

$$Q = \sum_{a=1}^{n} (y_a - \hat{y}_a)^2 = \sum_{a=1}^{n} [y_a - (b_0 + b_1 x_{1a} + b_2 x_{2a} + \cdots + b_k x_{ka})]^2 \rightarrow \min \tag{3-31}$$

要得到上述结果，需满足的条件：

$$\begin{cases} \dfrac{\partial Q}{\partial b_0} = -2\sum_{a=1}^{n}(y_a - \hat{y}_a) = 0 \\ \dfrac{\partial Q}{\partial b_j} = -2\sum_{a=1}^{n}(y_a - \hat{y}_a)x_{ja} = 0) \quad (j = 1, 2, \cdots, k) \end{cases} \tag{3-32}$$

将方程组（3-32）展开整理后得：

$$\begin{cases} nb_0 + b_1\sum_{a=1}^{n}x_{1a} + b_2\sum_{a=1}^{n}x_{2a} + \cdots + b_k\sum_{a=1}^{n}x_{ka} = \sum_{a=1}^{n}y_a \\ b_0\sum_{a=1}^{n}x_{1a} + b_1\sum_{a=1}^{n}x_{1a}^2 + b_2\sum_{a=1}^{n}x_{1a}x_{2a} + \cdots + b_k\sum_{a=1}^{n}x_{1a}x_{ka} = \sum_{a=1}^{n}x_{1a}y_a \\ b_0\sum_{a=1}^{n}x_{2a} + b_1\sum_{a=1}^{n}x_{1a}x_{2a} + b_2\sum_{a=1}^{n}x_{2a}^2 + \cdots + b_k\sum_{a=1}^{n}x_{2a}x_{ka} = \sum_{a=1}^{n}x_{2a}y_a \\ \qquad\qquad\qquad\qquad\qquad \cdots \\ b_0\sum_{a=1}^{n}x_{ka} + b_1\sum_{a=1}^{n}x_{1a}x_{ka} + b_2\sum_{a=1}^{n}x_{2a}x_{ka} + \cdots + b_k\sum_{a=1}^{n}x_{ka}^2 = \sum_{a=1}^{n}x_{ka}y_a \end{cases} \tag{3-33}$$

方程组（3-33）称为正规方程组。将上述方程组改为矩阵形式：

$$\boldsymbol{B} = \begin{pmatrix} b_0 \\ b_1 \\ b_2 \\ \vdots \\ b_k \end{pmatrix}, \boldsymbol{Y} = \begin{pmatrix} y_1 \\ y_2 \\ y_3 \\ \vdots \\ y_n \end{pmatrix}, \boldsymbol{X} = \begin{pmatrix} 1 & x_{11} & x_{21} & \cdots & x_{k1} \\ 1 & x_{12} & x_{22} & \cdots & x_{k2} \\ 1 & x_{13} & x_{23} & \cdots & x_{k3} \\ \vdots & \vdots & \vdots & & \vdots \\ 1 & x_{1n} & x_{2n} & \cdots & x_{kn} \end{pmatrix}$$

$$\boldsymbol{A} = \boldsymbol{X}^{\mathrm{T}}\boldsymbol{X} = \begin{pmatrix} 1 & 1 & 1 & \cdots & 1 \\ x_{11} & x_{12} & x_{13} & \cdots & x_{1n} \\ x_{21} & x_{22} & x_{23} & \cdots & x_{2n} \\ \vdots & \vdots & \vdots & & \vdots \\ x_{k1} & x_{k2} & x_{k3} & \cdots & x_{kn} \end{pmatrix} \begin{pmatrix} 1 & x_{11} & x_{21} & \cdots & x_{k1} \\ 1 & x_{12} & x_{22} & \cdots & x_{k2} \\ 1 & x_{13} & x_{23} & \cdots & x_{k3} \\ \vdots & \vdots & \vdots & & \vdots \\ 1 & x_{1n} & x_{2n} & \cdots & x_{kn} \end{pmatrix}$$

$$= \begin{pmatrix} n & \sum_{a=1}^{n}x_{1a} & \sum_{a=1}^{n}x_{2a} & \cdots & \sum_{a=1}^{n}x_{ka} \\ \sum_{a=1}^{n}x_{1a} & \sum_{a=1}^{n}x_{1a}^2 & \sum_{a=1}^{n}x_{1a}x_{2a} & \cdots & \sum_{a=1}^{n}x_{1a}x_{ka} \\ \sum_{a=1}^{n}x_{2a} & \sum_{a=1}^{n}x_{2a}x_{1a} & \sum_{a=1}^{n}x_{2a}^2 & \cdots & \sum_{a=1}^{n}x_{2a}x_{ka} \\ \vdots & \vdots & \vdots & & \vdots \\ \sum_{a=1}^{n}x_{ka} & \sum_{a=1}^{n}x_{ka}x_{1a} & \sum_{a=1}^{n}x_{ka}x_{2a} & \cdots & \sum_{a=1}^{n}x_{ka}^2 \end{pmatrix}$$

$$C = X^{\mathrm{T}}Y = \begin{pmatrix} 1 & 1 & 1 & \cdots & 1 \\ x_{11} & x_{12} & x_{13} & \cdots & x_{1n} \\ x_{21} & x_{22} & x_{23} & \cdots & x_{2n} \\ \vdots & \vdots & \vdots & & \vdots \\ x_{k1} & x_{k2} & x_{k3} & \cdots & x_{kn} \end{pmatrix} \begin{pmatrix} y_1 \\ y_2 \\ y_3 \\ \vdots \\ y_n \end{pmatrix} = \begin{pmatrix} \sum\limits_{a=1}^{n} y_a \\ \sum\limits_{a=1}^{n} x_{1a}y_a \\ \sum\limits_{a=1}^{n} x_{2a}y_a \\ \vdots \\ \sum\limits_{a=1}^{n} x_{ka}y_a \end{pmatrix}$$

正规方程式（3-33）可进一步修改为矩阵形式：

$$AB = C \tag{3-34}$$

求解式（3-34）可得：

$$B = A^{-1}C = (X^{\mathrm{T}}X)^{-1}C \tag{3-35}$$

与一元线性回归模型一样，多元线性回归模型建立之后也需要进行显著性检验。多元回归分析的显著性检验采用 F 检验法完成，但和一元线性回归模型检验相比，各平方和的自由度略有不同，回归平方和 U 的自由度等于自变量的个数 k，而剩余平方和 Q 的自由度等于 $n-k-1$，所以 F 统计量为：

$$F = \frac{U/k}{Q/(n-k-1)} \tag{3-36}$$

$$S = \sum_{i=1}^{n}(y_i - \bar{y})^2 = \sum_{i=1}^{n}(y_i - \hat{y}_i)^2 + \sum_{i=1}^{n}(\hat{y}_i - \bar{y})^2 = Q + U$$

$$U = \sum_{a=1}^{n}(\hat{y}_i - \bar{y})^2 = \sum_{a=1}^{n} b_i(x_{ia} - \bar{x}_{ia})^2, (i = 1, 2, \cdots, k)$$

$$Q = S - U$$

当统计量计算出来以后，可以通过查 F 分布表对模型进行显著性检验。

3.2.3　非线性回归模型

非线性回归分析是线性回归分析的扩展，在复杂的地理系统中，很多现象之间的关系并不是线性关系，对这种类型现象的分析预测一般要应用非线性回归预测，通过变量代换，可以将很多的非线性回归转化为线性回归。因而，可以用线性回归方法解决非线性回归预测问题。

非线性回归模型有很多，包括指数曲线方程、对数曲线方程、幂函数曲线、双曲线等。常见的非线性函数关系线性化方法如下：

（1）指数曲线 $y = de^{bx}$，令 $y' = \ln y$，$x' = x$，可将其转化为线性关系 $y' = a + bx'$，其中 $a = \ln d$。

（2）对数曲线 $y = a + b\ln x$，令 $y' = y$，$x' = \ln x$，可将其转化为线性关系 $y' = a + bx'$。

（3）幂函数曲线 $y = dx^b$，令 $y' = \ln y$，$x' = \ln x$，可将其转化为线性关系 $y' = a + bx'$，其中 $a = \ln d$。

（4）双曲线 $\dfrac{1}{y} = a + \dfrac{b}{x}$，令 $y' = \dfrac{1}{y}$，$x' = \dfrac{1}{x}$，可将其转化为线性关系 $y' = a + bx'$。

（5）S 型曲线 $y = \dfrac{1}{a + be^{-x}}$，令 $y' = \dfrac{1}{y}$，$x' = e^{-x}$，可将其转化为线性关系 $y' = a + bx'$。

（6）幂乘积 $y = dx_1^{\beta_1} \cdot x_2^{\beta_2} \cdot \cdots \cdot x_k^{\beta_k}$，令 $y' = \ln y$，$x_1' = \ln x_1$，$x_2' = \ln x_2$，$\cdots$，$x_k' = \ln x_k$，可将其转化为线性关系 $y' = \beta_0 + \beta_1 x_1' + \beta_2 x_2' + \cdots + \beta_k x_k'$，其中 $\beta_0 = \ln d$。

（7）对数函数和：$y = \beta_0 + \beta_1 \ln x_1 + \beta_2 \ln x_2 + \cdots + \beta_k \ln x_k$。

令 $y' = y$，$x_1' = \ln x_1$，$x_2' = \ln x_2$，$\cdots$，$x_k' = \ln x_k$，可将其转化为线性关系 $y' = \beta_0 + \beta_1 x_1' + \beta_2 x_2' + \cdots + \beta_k x_k'$。

通过这些方法将非线性函数关系转换为线性函数关系，然后采用线性回归方法进行求解并进行显著性检验，如果能通过检验，对求解结果进行变量替换，即可得到原问题的解。

3.2.4 回归模型的多重共线性

Frisch 在 1934 年最早提到多重共线性问题，之后引起了人们的关注。在进行多元回归分析时，也常常会遇到多重共线性的问题。所谓多重共线性是指线性回归模型中的自变量之间由于存在精确相关关系或高度相关关系而使模型估计失真或难以估计准确。当自变量之间存在着严重的多重共线性时，用最小二乘法得到的回归模型的预测精度就会大大降低。一方面，回归系数的估计值对样本数据的微小变化将变得非常敏感，使得稳定性变得很差；另一方面，给回归系数的统计检验以及回归系数的物理含义解释等造成一定的困难。

对于多元回归分析的共线性问题的诊断，最常用的是经验诊断法，通过观察，如果得到一些如下一些迹象，则可能存在多重相关性。

（1）在自变量的简单相关系数矩阵中，有某些自变量的相关系数值较大。

（2）回归系数的代数符号与专业知识或一般经验相反，或者该自变量与因变量的简单相关系数符号相反。

（3）对重要自变量的回归系数进行 t 检验，其结果不显著。

（4）如果增加或删除一个变量，或者增加或删除一个观测值，回归系数发生了明显的变化。

（5）重要自变量的回归系数置信区别明显过大。

（6）在自变量中，某一个自变量是另一部分自变量的完全或近似完全的线性组合。

（7）对于一般的观测数据，如果样本点的个数过少，比如接近于变量的个数或者少于变量的个数，样本数据中的多重相关性就会经常存在。

现在的统计分析软件一般采用容忍度和方差膨胀因子度量变量之间的共线性问题。一般模型的共线性的容忍度（tolerance）与方差膨胀因子（Variance Inflation Factor，VIF）互为倒数——方程膨胀因子也被译为方程扩大因子等。如果不存在共线性，容忍度和 VIF

都为 1。一般用 VIF 判断共线性的强度，严格地说，要求 VIF < 10。不过，这一点在实际中有时很难做到，通过结合具体情况进行综合判断。

消除多重共线性对回归模型的影响是统计学家们关注的重要课题。根据理论和经验，消除共线性的办法可以简单的归结为如下几点：

（1）剔除不必要的解释变量。共线性问题通常是由冗余变量引起。将这类多余的变量排除掉，则一般可以减少乃至消除共线性问题。

（2）增加观测值。增加样本容量，有时可以避免或减少多重共线性。

（3）改变自变量的定义形式。例如，将变量累加生成；将二个自变量合并为一个新的变量；寻找新的变量代替具有多重共线性的变量等。

（4）寻找新的解释变量。有时共线性问题是由于解释变量不对。重要的变量没有找到，将次要变量当作主要变量，也会导致共线性问题。

（5）采用有偏估计。为了提高模型参数的稳定性，减少共线性的影响，一些统计学家建议以有偏估计为代价，减少共线性。这类分析法包括主成分法、偏最小二乘法和岭回归法等。

（6）应用逐步回归技术。采用逐步回归法估计参数，可以减少多重共线性的消极影响。

3.2.5　应用实例

下面结合具体实例，讨论回归分析模型如何与 GIS 结合，解决地理信息问题。

利用 GIS 强大的数据管理功能，在住宅房产估价系统数据库中对估价相关的社会、地理、经济、人文数据进行管理，包括估价地区的地形图，所在地区服务设施、基础设施、交通情况等与估价相关的空间和属性信息。然后，收集近期成交的所有交易案例，用地图方式进行管理。利用 GIS 的查询分析功能，获取数据库中相关数据并结合一定的量化准则对数据库中交易案例和待估房产特征变量进行量化，如表 3-4 所示。在对房产特征变量量化后，根据房产类型，从已经量化的近期交易案例中挑选与待估房产类型相同的房产，对这些交易案例进行回归分析，挑选不同的回归函数对其回归并进行显著性检验，得到这些交易案例的回归方程。最后，将量化后的待估房产各个特征量值代入回归方程，从而计算出该待估房产的价格。

表 3-4　住宅房产特征因素详细量化表

特征分类	特征变量	特征变量的量化方法
区位特征	500m 内的公交站点数	查询周围 500m 以内的公交站点数，每一个 1 分
	到 CBD 的距离	根据不同城市，由近及远设置 4 个范围段，分别赋值为 3 分、2 分、1 分、0 分
建筑特征	面积	建筑的面积（m²）
	朝向	虚拟变量：南北赋 1 分，非南北 0 分
	装修	豪装：3 分精装：2 分简装：1 分毛坯：0 分

特征分类	特征变量	特征变量的量化方法
建筑特征	楼层	房屋所在的楼层
	房间数	房屋的室 + 厅总数
	车位	虚拟变量：有车位赋1分，否则为0
	房龄	房屋的建成年龄
邻里特征	小区环境	优：3分良：2分中：1分差：0分
	邻边大学	虚拟变量：有赋1分，否则赋0分
	教育配套	查询房屋周围1000m以内的幼儿园、小学、中学，每一项1分，最高3分
	文体设施	虚拟变量：有赋1分，否则赋0分
	生活配套	查询房屋周围1000m以内的超市、银行、商场、医院，每一项1分，最高4分
	物业管理	优：3分良：2分中：1分差：0分
	自然环境	查询房屋周围1000m以内的公园数，江河数，500m以内的高速、铁路、城市主干道数，具体分值为（公园数 + 江河数 − 高速、铁路、城市主干道数）分

得到量化后的具体类型房产的交易案例数据后，对这些数据利用具体函数进行回归，模型的函数形式最为常见的是线性形式，但在现实的社会经济活动中，变量之间的数量依存关系更为普遍的则表现为非线性依存关系，参照相关研究，增加了对数函数、半对数和对数线性函数。四种函数形式分如下：

（1）线性形式：$P = a_0 + \sum a_i Z_i + \varepsilon, (i = 1, 2, \cdots, n)$；

（2）半对数形式：$\ln P = a_0 + \sum a_i Z_i + \varepsilon, (i = 1, 2, \cdots, n)$；

（3）逆半对数：$P = a_0 + \sum a_i \ln Z_i + \varepsilon, (i = 1, 2, \cdots, n)$；

（4）对数形式：$\ln P = a_0 + \sum a_i \ln Z_i + \varepsilon, (i = 1, 2, \cdots, n)$。

式中，P为评估价格；Z_i为交易案例的特征变量；a_i为常数项；ε为随机干扰项。一般来说，可先初步设定函数形式，然后不断地尝试和修正，直到认为函数形式能够达到统计分析和假设检验的要求，具有统计显著性，样本数据的拟合满足要求，本实验将采用这四种函数形式进行回归，挑选具体拟合函数得到回归方程。

根据以上思路，在 ArcGIS 平台下，对该模型进行了编程实现，并以此模型为基础建立了基于 GIS 的房产估价系统。为了验证模型的准确性，以赣州市城市基础信息数据作为测试数据，利用该系统对赣州市某住宅房产进行具体估价实践，图3-1为某交易案例特征因素属性值计算界面。

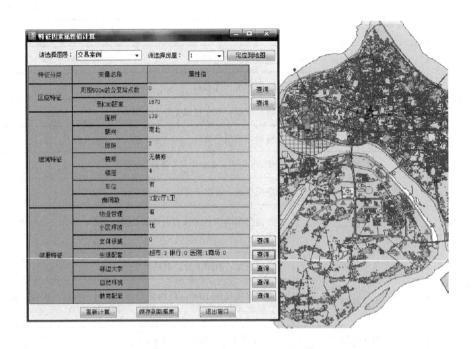

图 3-1　某交易案例特征因素属性值计算界面

本系统提供了四种拟合函数，通过函数检验，发现线性形式具有良好的拟合精度。其他几种形式的方程均不满足检验要求，图 3-2 为多元线性回归方程拟合并评估价格的结果图。

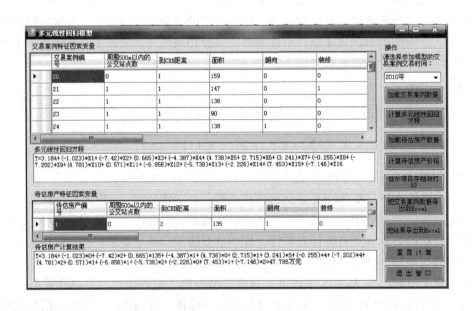

图 3-2　待估房产价格评估结果示意图

3.3 聚类分析

分类是人类认识世界的方式，也是管理世界的有效手段。在科学研究中非常重要，许多科学研究都是从分类工作出发的。没有分类就没有效率；没有分类，这个世界就没有秩序。聚类分析指将物理或抽象对象的集合分组为由类似的对象组成的多个类的分析过程，它是一种重要的人类行为，是一种新兴的多元统计方法，是当代分类学与多元分析的结合。

聚类分析的目标就是在相似的基础上收集数据来分类。聚类源于很多领域，包括数学，计算机科学，统计学，生物学和经济学。在不同的应用领域，很多聚类技术都得到了发展，这些技术方法被用作描述数据，衡量不同数据源间的相似性，根据样本自身的属性，用数学方法按照某种相似性或差异性指标，定量地确定样本之间的亲疏关系，并按这种亲疏关系程度对样本进行聚类。

3.3.1 聚类方法分类

根据数据在聚类中的积聚规则以及应用这些规则的方法，聚类方法大致分为层次化聚类算法、划分式聚类算法、基于密度和网格的聚类算法和其他聚类算法。常见的聚类方法分类如图 3-3 所示。

$$
聚类算法\begin{cases}
直接聚类法\\
最短距离聚类法\\
最远距离聚类法\\
K\ 均值聚类法\\
模糊聚类算法
\end{cases}
$$

图 3-3　当前主要的聚类算法

（1）直接聚类法：先把各个分类对象单独视为一类，然后根据距离最小的原则，依次选出一对分类对象，合并成新类。如果其中一个分类对象已归并为一类，则把另一个也归入该类；如果一对分类对象正好属于已归并的两类，则把这两类并为一类。每一次归并，都划去该对象所在的列及与列相同的行，按照上述原则将所有类别归并为一类。

（2）最短距离聚类法：首先选择距离矩阵中距离最小的那两个类别，将这两个类别归并为一类，分别计算其他类别与这两个类别之间的距离，选择其中更小的那个作为其他类别与新类的距离，按照上述的方法，直到把所有的类别归并为一类。

（3）最远距离聚类法：首先选择距离矩阵中距离最小的那两个类别，将这两个类别归并为一类，分别计算其他类别与这两个类别之间的距离，选择其中更大的那个作为其他类别与新类的距离，按照上述的方法，直到把所有的类别归并为一类。

（4）K 均值聚类：先随机选取 K 个对象作为初始的聚类中心。然后计算每个对象与各个种子聚类中心之间的距离，把每个对象分配给距离最近的聚类中心，一旦全部对象都被分配，每个聚类的聚类中心会根据聚类中现有的对象重新计算，直到没有（或最小数目）对象被重新分配给不同的聚类，没有（或最小数目）聚类中心再发生变化，误差平方和局部最小。

模糊聚类算法：根据地理要素间的特征、亲疏程度、相似性，通过建立模糊相似关系对地理要素进行聚类分析的方法。

3.3.2 数据处理与距离计算

3.3.2.1 数据处理

不同要素的数据往往具有不同的单位和量纲，其数值的变异可能很大，这会对分类结果产生影响，因此当分类对象确定以后，进行聚类分析之前，首先要对数据要素进行处理。

假设有 m 个聚类的对象，每一个聚类对象由 x_1，x_2，$\cdots$，x_n 个要素构成。聚类对象所对应的要素数据见表3-5。

表3-5　聚类对象与要素数据

聚类对象	要素					
	x_1	x_2	$\cdots$	x_j	$\cdots$	x_n
1	x_{11}	x_{12}	$\cdots$	x_{1j}	$\cdots$	x_{1n}
2	x_{21}	x_{22}	$\cdots$	x_{2j}	$\cdots$	x_{2n}
$\vdots$	$\vdots$	$\vdots$	$\vdots$	$\vdots$		$\vdots$
i	x_{i1}	x_{i2}	$\cdots$	x_{ij}	$\cdots$	x_{in}
$\vdots$	$\vdots$	$\vdots$	$\vdots$	$\vdots$		$\vdots$
m	x_{m1}	x_{m2}	$\cdots$	x_{mj}	$\cdots$	x_{mn}

在聚类分析中，常用的聚类要素的数据处理方法有如下几种。

（1）总和标准化。分别求出各聚类要素所对应数据的总和，以各要素的数据除以该要素数据的总和，即

$$x'_{ij} = \frac{x_{ij}}{\sum\limits_{i=1}^{m} x_{ij}} \quad (i = 1,2,\cdots,m;\ j = 1,2,\cdots,n) \tag{3-37}$$

通过这种标准化方法所得到的新数据满足

$$\sum_{i=1}^{m} x'_{ij} = 1 \quad (j = 1,2,\cdots,n)$$

（2）标准差标准化。

$$x'_{ij} = \frac{x_{ij} - \bar{x}_j}{s_j} \quad (i = 1,2,\cdots,m;\ j = 1,2,\cdots,n) \tag{3-38}$$

式中：

$$\bar{x}_j = \frac{1}{m} \sum_{i=1}^{m} x_{ij}, s_j = \sqrt{\frac{1}{m} \sum_{i=1}^{m} (x_{ij} - \bar{x}_j)^2}$$

通过这种标准化方法所得到的新数据，各要素的平均值为0，标准差为1，即

$$\bar{x}'_j = \frac{1}{m} \sum_{i=1}^{m} x'_{ij} = 0, s'_j = \sqrt{\frac{1}{m} \sum_{i=1}^{m} (x'_{ij} - \bar{x}_j)^2} = 1$$

（3）极大值标准化。

$$x'_{ij} = \frac{x_{ij}}{\max_i \{x_{ij}\}} \quad (i = 1, 2, \cdots, m; j = 1, 2, \cdots, n) \tag{3-39}$$

通过这种标准化方法所得的新数据，各要素的极大值为1，其余各数值小于1。

（4）极差标准化。

$$x'_{ij} = \frac{x_{ij} - \min_i \{x_{ij}\}}{\max_i \{x_{ij}\} - \min_i \{x_{ij}\}} \quad (i = 1, 2, \cdots, m; j = 1, 2, \cdots n) \tag{3-40}$$

通过这种标准化所得的新数据，各要素的极大值为1，极小值为0，其他各数值介于0~1之间。

表3-6给出了某省11个地区的生产总值构成，它们经过极大值标准化处理后，结果如表3-7所示。

表3-6　某省11个地区生产总值构成　　　　　　　　　　　　　　　　（亿元）

区代号	第一产业	工业	建筑业	第三产业
G1	171.26	1619.50	560.46	1648.79
G2	57.22	383.59	53.99	277.25
G3	62.83	464.21	53.08	332.27
G4	140.75	854.28	160.30	747.34
G5	55.95	460.13	67.80	362.92
G6	49.40	347.49	32.09	210.29
G7	295.56	735.99	134.47	807.85
G8	217.40	555.52	101.71	453.89
G9	236.04	743.62	94.99	546.38
G10	181.81	449.90	99.40	374.02
G11	222.80	661.10	142.28	624.62

表 3-7　极大值标准化处理后的数据

区代号	第一产业	工业	建筑业	第三产业
G1	0.58	1.00	1.00	1.00
G2	0.19	0.24	0.10	0.17
G3	0.21	0.29	0.09	0.20
G4	0.48	0.53	0.29	0.45
G5	0.19	0.28	0.12	0.22
G6	0.17	0.21	0.06	0.13
G7	1.00	0.45	0.24	0.49
G8	0.74	0.34	0.18	0.28
G9	0.80	0.46	0.17	0.33
G10	0.62	0.28	0.18	0.23
G11	0.75	0.41	0.25	0.38

3.3.2.2　距离计算

根据地理学第一定律可知，空间距离上相隔越近的事物，其差异性越小，这是系统聚类分析的依据和基础。对聚类要素进行数据处理以后，就是计算分类对象之间的距离，并依据距离矩阵的结构进行聚类。常见的距离有绝对值距离、欧氏距离、明科夫斯基距离、切比雪夫距离、B 模距离、兰氏距离、马氏距离、夹角余弦、其计算公式如下。

（1）绝对值距离。

$$d_{ij} = \sum_{k=1}^{n} \left| x_{ik} - x_{jk} \right| \quad (i,j = 1,2,\cdots,m) \tag{3-41}$$

绝对距离的原意为城市街区距离（city block distance）。设想一个曼哈顿（Manhattan）式的网格状街区，当从街区的一个角走向对角线的另外一端时，必须走折线，因为楼房的阻挡，无法沿着直线到达目的地。这个折线里程之和，就是城市街区距离，亦即我们聚类分析中的绝对值距离。

（2）欧氏距离。

$$d_{ij} = \sqrt{\sum_{k=1}^{n} \left(x_{ik} - x_{jk} \right)^2} \quad (i,j = 1,2,\cdots,m) \tag{3-42}$$

欧式距离几何意义明确，计算方法简单，容易掌握。但从统计学的角度看，使用欧式距离要求一个向量的 n 个分量不相关，且具有相等的方差。换句话说，只有当各个坐标对欧式距离的贡献同等且变差大小相同的时候，才适合于欧式距离，而且表达效果良好，否则就不能如实反映真实的情况，甚至导致错误的结论。

（3）明科夫斯基距离。

$$d_{ij} = \left[\sum_{k=1}^{n} \left| x_{ik} - x_{jk} \right|^p \right]^{\frac{1}{p}} \quad (i,j = 1,2,\cdots,m) \tag{3-43}$$

式中，$p \geqslant 1$。当 $P=1$ 时，它就是绝对值距离；当 $P=2$ 时，它就是欧式距离。

与欧式距离类似，人们使用较多，较熟悉，易于理解。但受指标量纲的影响，没有考虑指标之间的相关性。

（4）切比雪夫距离。当明科夫斯基距离中 $p \to \infty$ 时，有

$$d_{ij} = \max_{k} \left| x_{ik} - x_{jk} \right| \quad (i,j = 1,2,\cdots,m) \tag{3-44}$$

在数学中，切比雪夫距离或是 $L\infty$ 度量，是向量空间中的一种度量，二个点之间的距离定义是其各坐标数值差绝对值的最大值。以数学的观点来看，切比雪夫距离是由一致范数所衍生的度量，也是超凸度量的一种。

（5）B 模距离。

$$d_{ij} = \left[(x_i - x_j)^{\mathrm{T}} B (x_i - x_j) \right]^{\frac{1}{2}} \tag{3-45}$$

$$x_i = \begin{bmatrix} x_{i1} \\ x_{i2} \\ \vdots \\ x_{in} \end{bmatrix}, x_j = \begin{bmatrix} x_{j1} \\ x_{j2} \\ \vdots \\ x_{jn} \end{bmatrix}$$

当 $B = \mathrm{diag}\left(\dfrac{1}{\sigma_1^2}, \dfrac{1}{\sigma_2^2}, \cdots, \dfrac{1}{\sigma_n^2} \right)$ 为精度加权距离，这里 $\sigma_n^2 = \mathrm{var}(x_{ik})$ 为抽样方差。

（6）兰氏距离。

$$d_{ij} = \frac{1}{n} \sum_{\alpha=1}^{n} \frac{\left| x_{i\alpha} - x_{j\alpha} \right|}{x_{i\alpha} + x_{j\alpha}} \tag{3-46}$$

兰氏距离有助于克服各指标间的量纲的影响；但仅适用于 $x_{i\alpha} > 0$ 的情况，没有考虑指标之间的相关性。

（7）马氏距离。

$$d_{ij} = \left[(x_i - x_j)^{\mathrm{T}} B (x_i - x_j) \right]^{\frac{1}{2}} \tag{3-47}$$

当 $B = \left[\mathrm{cov}(x) \right]^{-1} = \left[\left[\sigma_{ij} \right]_{m \times n} \right]^{-1}$ 时为马氏距离。

其中

$$\sigma_{ij} = \frac{1}{n-1} \sum_{\alpha=1}^{n} (x_{\alpha i} - \bar{x}_i)(x_{\alpha j} - \bar{x}_j), (i,j = 1,2,\cdots,m)$$

$$\bar{x}_i = \frac{1}{n} \sum_{\alpha=1}^{n} x_{\alpha i}, \bar{x}_j = \frac{1}{n} \sum_{\alpha=1}^{n} x_{\alpha j}$$

马氏距离排除了指标间的相关性干扰，不受指标量纲的影响，对原数据进行线性变换之后，马氏距离不变。但如果协方差矩阵不能求逆，则马氏距离不能计算。而且，马氏距

离并非万能。在反映结构相似性特征方面，马氏距离的效果远不如相似系数。

（8）夹角余弦。

$$\cos\theta_{ij} = \frac{\sum\limits_{\alpha=1}^{n} x_{i\alpha} x_{j\alpha}}{\sqrt{\sum\limits_{\alpha=1}^{n} x_{i\alpha}}\sqrt{\sum\limits_{\alpha=1}^{n} x_{j\alpha}}} \tag{3-48}$$

所选的距离不同，聚类结果会有所差异。因此在地理研究中，常采用几种距离进行计算，比较，从而得到比较合理的聚类结果。

根据表中的数据，利用公式计算可得 11 个地区各产业之间的绝对值距离矩阵如下：

$$\boldsymbol{D} = (d_{ij})_{11 \times 11} = \begin{pmatrix} 0 \\ 2.88 & 0 \\ 2.78 & 0.10 & 0 \\ 1.84 & 1.05 & 0.95 & 0 \\ 2.76 & 0.13 & 0.07 & 0.93 & 0 \\ 3.01 & 0.13 & 0.23 & 1.18 & 0.25 & 0 \\ 2.24 & 1.49 & 1.39 & 0.68 & 1.37 & 1.62 & 0 \\ 2.36 & 0.84 & 0.74 & 0.73 & 0.72 & 0.97 & 0.65 & 0 \\ 2.26 & 1.06 & 0.96 & 0.63 & 0.94 & 1.19 & 0.44 & 0.25 & 0 \\ 2.35 & 0.60 & 0.52 & 0.72 & 0.50 & 0.73 & 0.89 & 0.24 & 0.48 & 0 \\ 2.13 & 1.10 & 1.00 & 0.50 & 0.98 & 1.23 & 0.42 & 0.26 & 0.23 & 0.50 & 0 \end{pmatrix}$$

$$\tag{3-49}$$

3.3.3　直接聚类法

直接聚类法，是根据距离矩阵的结构一次并类得到结果，是一种简单的聚类方法。它先把各个分类对象单独视为一类，然后根据距离最小的原则，依次选出一对分类对象，合并成新类。如果其中一个分类对象已归并为一类，则把另一个也归入该类；如果一对分类对象正好属于已归并的两类，则把这两类并为一类。每一次归并，都划去该对象所在的列及与列相同的行。那么，经过 $m-1$ 次就可以把全部分类对象归并为一类，这样就可以根据归并的先后顺序作出聚类谱系图。

以距离矩阵（3-49）为例，使用直接聚类法对某省 11 个地区进行聚类分析，步骤如下：

（1）在距离矩阵中 $\boldsymbol{D}$ 中，除对角线元素外，$d_{53} = d_{35} = 0.07$ 为最小者，故先将第 3 区和第 5 区归并为一类，划去第 5 行和第 5 列。

（2）在余下的元素中，除对角线元素外，$d_{23} = d_{32} = 0.10$ 为最小者，故将第 2 区和第 3 区归并为一类，划去第 3 行与第 3 列，此时，2，3，5 归并为一类。

（3）在步骤（2）之后余下的元素中，除对角线元素外，$d_{26} = d_{62} = 0.13$ 为最小者，故将第 2 区和第 6 区归并为一类，划去第 6 行与第 6 列，此时，2，3，5，6 归并为一类。

（4）在步骤（3）之后余下的元素中，除对角线元素外，$d_{9,11} = d_{11,9} = 0.23$ 为最小者，故将第9区和第11区归并为一类，划去第11行与第11列。

（5）在步骤（4）之后余下的元素中，除对角线元素外，$d_{8,10} = d_{10,8} = 0.24$ 为最小者，故将第8区和第10区归并为一类，划去第10行与第10列。

（6）在步骤（5）之后余下的元素中，除对角线元素外，$d_{89} = d_{98} = 0.25$ 为最小者，故将第8区和第9区归并为一类，划去第9行与第9列，此时，8，9，10，11 归并为一类。

（7）在步骤（6）之后余下的元素中，除对角线元素外，$d_{78} = d_{87} = 0.65$ 为最小者，故将第7区和第8区归并为一类，划去第8行与第8列，此时7，8，9，10，11 合并为一类。

（8）在步骤（7）之后余下的元素中，除对角线元素外，$d_{47} = d_{74} = 0.68$ 为最小者，故将第4区和第7区归并为一类，划去第7行与第7列，此时4，7，8，9，10，11 合并为一类。

（9）在步骤（8）之后余下的元素中，除对角线元素外，$d_{24} = d_{42} = 1.05$ 为最小者，故将第2区和第4区归并为一类，划去第4行与第4列，此时2，3，4，5，6，7，8，9，10，11 合并为一类。

（10）在步骤（9）之后余下的元素中，除对角线元素外，只剩 $d_{12} = d_{21} = 2.88$，故将第1区和第2区归并为一类，划去第2行与第2列，此时1，2，3，4，5，6，7，8，9，10，11 合并为一类。

根据上述步骤，可以作出聚类过程的谱系图（图3-4）。直接聚类法虽然简便，但在归类过程中直接划去行和列，难免会造成信息损失。

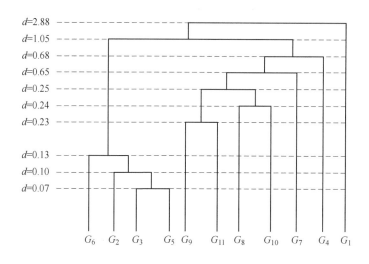

图3-4　直接聚类谱系图

3.3.4　最短距离聚类法

最短距离聚类法，是把一个类的所有样本与另一个类的所有样本的两两样本之间的最短距离找出来，并将其定义为两个类之间的距离。首先，在原来的 $n \times n$ 距离矩阵的非对

角元素中找出 $d_{ab} = \min\{d_{ij}\}$ ，把分类对象 G_a 和 G_b 合并为一新类 G_c ，然后按照计算公式

$$d_{ck} = \min\{d_{ak}, d_{bk}\} \quad (k \neq a, b) \tag{3-50}$$

计算原来各类别与新类之间的距离，这样就得到了一个新的 $(m-1)$ 阶的距离矩阵，再从新的距离矩阵中找出最小者 d_{ij} ，把对象 G_i 和 G_j 合并为一新类，然后再计算各类与新类的距离，以此类推，直到把所有类别归并为一个对象。

以式（3-49）中距离矩阵为例，使用最短距离聚类方法对某省的 11 个地区进行聚类分析，过程如下：

（1）在 11×11 阶的距离矩阵中，非对角元素中最小者为 $d_{53} = 0.07$ ，故首先将第 3 区和第 5 区归并为一类，记为 G_{12} ，即 $G_{12} = \{G_3, G_5\}$ 。按照式（3-50）分别计算 G_1 ，G_2 ，G_4 ，G_6 ，G_7 ，G_8 ，G_9 ，G_{10} ，G_{11} 与新类 G_{12} 之间的距离：

$$d_{1.12} = \min\{d_{13}, d_{15}\} = \min\{2.78, 2.76\} = 2.76$$
$$d_{2.12} = \min\{d_{23}, d_{25}\} = \min\{0.10, 0.13\} = 0.10$$
$$d_{4.12} = \min\{d_{43}, d_{45}\} = \min\{0.95, 0.93\} = 0.93$$
$$d_{6.12} = \min\{d_{63}, d_{65}\} = \min\{0.23, 0.25\} = 0.23$$
$$d_{7.12} = \min\{d_{73}, d_{75}\} = \min\{1.39, 1.37\} = 1.37$$
$$d_{8.12} = \min\{d_{83}, d_{85}\} = \min\{0.74, 0.72\} = 0.72$$
$$d_{9.12} = \min\{d_{93}, d_{95}\} = \min\{0.96, 0.94\} = 0.94$$
$$d_{10.12} = \min\{d_{10,3}, d_{10,5}\} = \min\{0.52, 0.50\} = 0.50$$
$$d_{11.12} = \min\{d_{11,3}, d_{11,5}\} = \min\{1.00, 0.98\} = 0.98$$

这样就得到 G_1 ，G_2 ，G_4 ，G_6 ，G_7 ，G_8 ，G_9 ，G_{10} ，G_{11} ，G_{12} 上的一个新的 10×10 阶距离矩阵：

	G_1	G_2	G_4	G_6	G_7	G_8	G_9	G_{10}	G_{11}	G_{12}
G_1	0									
G_2	2.88	0								
G_4	1.84	1.05	0							
G_6	3.01	0.13	1.18	0						
G_7	2.24	1.49	0.68	1.62	0					
G_8	2.36	0.84	0.73	0.97	0.65	0				
G_9	2.26	1.06	0.63	1.19	0.44	0.25	0			
G_{10}	2.35	0.60	0.72	0.73	0.89	0.24	0.48	0		
G_{11}	2.13	1.10	0.50	1.23	0.42	0.26	0.23	0.50	0	
G_{12}	2.76	0.10	0.93	0.23	1.37	0.72	0.94	0.50	0.98	0

（2）在上一步骤所得到的 10×10 阶的距离矩阵中，非对角元素中最小者为 $d_{2,12} = 0.10$ ，故将 G_{12} 和 G_2 归并为一类，记为 G_{13} ，即 $G_{13} = \{G_2, G_{12}\}$ ，按照式（3-50）分别计算 G_1 ，G_4 ，G_6 ，G_7 ，G_8 ，G_9 ，G_{10} ，G_{11} 与新类 G_{13} 之间的距离，可得到一个新的 9×9 阶的距离矩阵：

$$
\begin{array}{c}
\begin{array}{ccccccccc}
\quad G_1 & \quad G_4 & \quad G_6 & \quad G_7 & \quad G_8 & \quad G_9 & \quad G_{10} & \quad G_{11} & \quad G_{13}
\end{array}\\
\begin{array}{c}
G_1\\ G_4\\ G_6\\ G_7\\ G_8\\ G_9\\ G_{10}\\ G_{11}\\ G_{13}
\end{array}
\left(
\begin{array}{ccccccccc}
0 & & & & & & & & \\
1.84 & 0 & & & & & & & \\
3.01 & 1.18 & 0 & & & & & & \\
2.24 & 0.68 & 1.62 & 0 & & & & & \\
2.36 & 0.73 & 0.97 & 0.65 & 0 & & & & \\
2.26 & 0.63 & 1.19 & 0.44 & 0.25 & 0 & & & \\
2.35 & 0.72 & 0.73 & 0.89 & 0.24 & 0.48 & 0 & & \\
2.13 & 0.50 & 1.23 & 0.42 & 0.26 & 0.23 & 0.50 & 0 & \\
2.76 & 0.93 & 0.13 & 1.37 & 0.72 & 0.94 & 0.50 & 0.98 & 0
\end{array}
\right)
\end{array}
$$

（3）在上一步得到的 9×9 阶的距离矩阵中，非对角元素中最小者为 $d_{6,13} = 0.13$，故将 G_6 和 G_{13} 归并为一类，记为 G_{14}，即 $G_{14} = \{G_6, G_{13}\}$，按照式（3-50）分别计算 G_1，G_4，G_7，G_8，G_9，G_{10}，G_{11} 与新类 G_{14} 之间的距离，可得到一个新的 8×8 阶的距离矩阵：

$$
\begin{array}{c}
\begin{array}{cccccccc}
\quad G_1 & \quad G_4 & \quad G_7 & \quad G_8 & \quad G_9 & \quad G_{10} & \quad G_{11} & \quad G_{14}
\end{array}\\
\begin{array}{c}
G_1\\ G_4\\ G_7\\ G_8\\ G_9\\ G_{10}\\ G_{11}\\ G_{14}
\end{array}
\left(
\begin{array}{cccccccc}
0 & & & & & & & \\
1.84 & 0 & & & & & & \\
2.24 & 0.68 & 0 & & & & & \\
2.36 & 0.73 & 0.65 & 0 & & & & \\
2.26 & 0.63 & 0.44 & 0.25 & 0 & & & \\
2.35 & 0.72 & 0.89 & 0.24 & 0.48 & 0 & & \\
2.13 & 0.50 & 0.42 & 0.26 & 0.23 & 0.50 & 0 & \\
2.76 & 0.93 & 1.37 & 0.72 & 0.94 & 0.50 & 0.95 & 0.00
\end{array}
\right)
\end{array}
$$

（4）在上一步得到的 8×8 阶的距离矩阵中，非对角元素中最小者为 $d_{9,11} = 0.23$，故将 G_9 和 G_{11} 归并为一类，记为 G_{15}，即 $G_{15} = \{G_9, G_{11}\}$，按照式（3-50）分别计算 G_1，G_4，G_7，G_8，G_{10}，G_{14} 与新类 G_{15} 之间的距离，可得到一个新的 7×7 阶的距离矩阵：

$$
\begin{array}{c}
\begin{array}{ccccccc}
\quad G_1 & \quad G_4 & \quad G_7 & \quad G_8 & \quad G_{10} & \quad G_{14} & \quad G_{15}
\end{array}\\
\begin{array}{c}
G_1\\ G_4\\ G_7\\ G_8\\ G_{10}\\ G_{14}\\ G_{15}
\end{array}
\left(
\begin{array}{ccccccc}
0 & & & & & & \\
1.84 & 0 & & & & & \\
2.24 & 0.68 & 0 & & & & \\
2.36 & 0.73 & 0.65 & 0 & & & \\
2.35 & 0.72 & 0.89 & 0.24 & 0 & & \\
2.76 & 0.93 & 1.37 & 0.72 & 0.50 & 0 & \\
2.13 & 0.50 & 0.42 & 0.25 & 0.48 & 0.94 & 0
\end{array}
\right)
\end{array}
$$

（5）在上一步得到的 7×7 阶的距离矩阵中，非对角元素中最小者为 $d_{8,10} = 0.24$，故将 G_8 和 G_{10} 归并为一类，记为 G_{16}，即 $G_{16} = \{G_8, G_{10}\}$，按照式（3-50）分别计算 G_1，G_4，G_7，G_{14}，G_{15} 与新类 G_{16} 之间的距离，可得到一个新的 6×6 阶的距离矩阵：

$$
\begin{array}{c}
\begin{array}{cccccc}
G_1 & G_4 & G_7 & G_{14} & G_{15} & G_{16}
\end{array} \\
\begin{array}{c}
G_1 \\ G_4 \\ G_7 \\ G_{14} \\ G_{15} \\ G_{16}
\end{array}
\left(
\begin{array}{cccccc}
0 & & & & & \\
1.84 & 0 & & & & \\
2.24 & 0.68 & 0 & & & \\
2.76 & 0.93 & 1.37 & 0 & & \\
2.13 & 0.50 & 0.42 & 0.94 & 0 & \\
2.35 & 0.72 & 0.65 & 0.50 & 0.25 & 0
\end{array}
\right)
\end{array}
$$

（6）在上一步得到的 6×6 阶的距离矩阵中，非对角元素中最小者为 $d_{15,16} = 0.25$，故将 G_{15} 和 G_{16} 归并为一类，记为 G_{17}，即 $G_{17} = \{G_{15}, G_{16}\}$，按照式（3-50）分别计算 G_1，G_4，G_7，G_{14} 与新类 G_{17} 之间的距离，可得到一个新的 5×5 阶的距离矩阵：

$$
\begin{array}{c}
\begin{array}{ccccc}
G_1 & G_4 & G_7 & G_{14} & G_{17}
\end{array} \\
\begin{array}{c}
G_1 \\ G_4 \\ G_7 \\ G_{14} \\ G_{17}
\end{array}
\left(
\begin{array}{ccccc}
0 & & & & \\
1.84 & 0 & & & \\
2.24 & 0.68 & 0 & & \\
2.76 & 0.93 & 1.37 & 0 & \\
2.13 & 0.50 & 0.42 & 0.50 & 0
\end{array}
\right)
\end{array}
$$

（7）在上一步得到的 5×5 阶的距离矩阵中，非对角元素中最小者为 $d_{7,17} = 0.42$，故将 G_7 和 G_{17} 归并为一类，记为 G_{18}，即 $G_{18} = \{G_7, G_{17}\}$，按照式（3-50）分别计算 G_1，G_4，G_{14} 与新类 G_{18} 之间的距离，可得到一个新的 4×4 阶的距离矩阵：

$$
\begin{array}{c}
\begin{array}{cccc}
G_1 & G_4 & G_{14} & G_{18}
\end{array} \\
\begin{array}{c}
G_1 \\ G_4 \\ G_{14} \\ G_{18}
\end{array}
\left(
\begin{array}{cccc}
0 & & & \\
1.84 & 0 & & \\
2.76 & 0.93 & 0 & \\
2.13 & 0.50 & 0.50 & 0
\end{array}
\right)
\end{array}
$$

（8）在上一步得到的 4×4 阶的距离矩阵中，非对角元素中最小者为 $d_{4,18} = d_{14,18} = 0.50$，故将 G_4 和 G_{18} 或 G_{14} 和 G_{18} 归并为一类，记为 G_{19}，这里选择 G_4 和 G_{18}，即 $G_{19} = \{G_4, G_{18}\}$，按照式（3-50）分别计算 G_1，G_{14} 与新类 G_{19} 之间的距离，可得到一个新的 3×3 阶的距离矩阵：

$$
\begin{array}{c}
\begin{array}{ccc}
G_1 & G_{14} & G_{19}
\end{array} \\
\begin{array}{c}
G_1 \\ G_{14} \\ G_{19}
\end{array}
\left(
\begin{array}{ccc}
0 & & \\
2.76 & 0 & \\
1.84 & 0.50 & 0
\end{array}
\right)
\end{array}
$$

（9）在上一步得到的 3×3 阶的距离矩阵中，非对角元素中最小者为 $d_{14,19} = 0.50$，故将 G_{14} 和 G_{19} 归并为一类，记为 G_{20}，即 $G_{20} = \{G_{14}, G_{19}\}$，按照式（3-50）计算 G_1 与新类 G_{20} 之间的距离，可得到一个新的 2×2 阶的距离矩阵：

$$
\begin{array}{cc}
& G_1 \quad G_{20} \\
\begin{matrix} G_1 \\ G_{20} \end{matrix} & \begin{pmatrix} 0 & \\ 1.84 & 0 \end{pmatrix}
\end{array}
$$

（10）把 G_1 和 G_{20} 归并为一类，所有分类对象均被归并为一类。

综合上述聚类过程，可以作出最短距离聚类谱系图（如图 3-5 所示）。

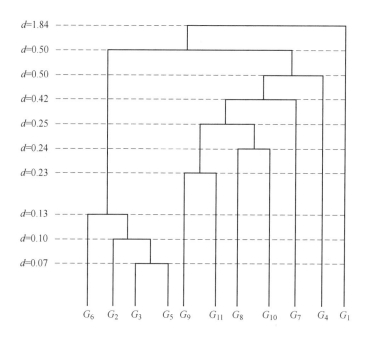

图 3-5　最短距离聚类谱系图

3.3.5　最远距离聚类法

最远距离聚类法与最短距离聚类法的区别在于计算原来的类与新类之间的距离时所用的公式不同，最远距离聚类法的计算公式为

$$
d_{ck} = \max\{d_{ak}, d_{bk}\} \quad (k \neq a, b) \tag{3-51}
$$

同样以式（3-49）中距离矩阵为例，最远距离聚类法的聚类过程如下：

（1）在 11×11 阶的距离矩阵中，非对角元素中最小者为 $d_{53} = 0.07$，故首先将第 3 区和第 5 区归并为一类，记为 G_{12}，即 $G_{12} = \{G_3, G_5\}$。按照式（3-51）分别计算 G_1，G_2，G_4，G_6，G_7，G_8，G_9，G_{10}，G_{11} 与新类 G_{12} 之间的距离，得到一个新的 10×10 阶的距离矩阵：

	G_1	G_2	G_4	G_6	G_7	G_8	G_9	G_{10}	G_{11}	G_{12}
G_1	0									
G_2	2.88	0								
G_4	1.84	1.05	0							
G_6	3.01	0.13	1.18	0						
G_7	2.24	1.49	0.68	1.62	0					
G_8	2.36	0.84	0.73	0.97	0.65	0				
G_9	2.26	1.06	0.63	1.19	0.44	0.25	0			
G_{10}	2.35	0.60	0.72	0.73	0.89	0.24	0.48	0		
G_{11}	2.13	1.10	0.50	1.23	0.42	0.26	0.23	0.50	0	
G_{12}	2.78	0.13	0.95	0.25	1.39	0.74	0.96	0.52	1.00	0.00

（2）在上一步骤所得到的 10×10 阶的距离矩阵中，非对角元素中最小者为 $d_{2,6} = d_{2,12} = 0.13$，故将 G_2 和 G_{12} 或 G_2 和 G_6 归并为一类，记为 G_{13}，这里选择 G_2 和 G_6，即 $G_{13} = \{G_2, G_6\}$，按照式（3-51）分别计算 G_1，G_4，G_7，G_8，G_9，G_{10}，G_{11}，G_{12} 与新类 G_{13} 之间的距离，可得到一个新的 9×9 阶的距离矩阵：

	G_1	G_4	G_7	G_8	G_9	G_{10}	G_{11}	G_{12}	G_{13}
G_1	0								
G_4	1.84	0							
G_7	2.24	0.68	0						
G_8	2.36	0.73	0.65	0					
G_9	2.26	0.63	0.44	0.25	0				
G_{10}	2.35	0.72	0.89	0.24	0.48	0			
G_{11}	2.13	0.50	0.42	0.26	0.23	0.50	0		
G_{12}	2.78	0.95	1.39	0.74	0.96	0.52	1.00	0	
G_{13}	3.01	1.18	1.62	0.97	1.19	0.73	1.23	0.25	0

（3）在上步得到的 9×9 阶的距离矩阵中，非对角元素中最小者为 $d_{9,11} = 0.23$，故将 G_9 和 G_{11} 归并为一类，记为 G_{14}，即 $G_{14} = \{G_9, G_{11}\}$，按照式（3-51）分别计算 G_1，G_4，G_7，G_8，G_{10}，G_{12}，G_{13} 与新类 G_{14} 之间的距离，可得到一个新的 8×8 阶的距离矩阵：

$$
\begin{array}{c}
\quad\quad G_1 \quad\ G_4 \quad\ G_7 \quad\ G_8 \quad\ G_{10} \quad G_{12} \quad G_{13} \quad G_{14} \\[4pt]
\begin{array}{c}
G_1 \\ G_4 \\ G_7 \\ G_8 \\ G_{10} \\ G_{12} \\ G_{13} \\ G_{14}
\end{array}
\left(
\begin{array}{llllllll}
0 & & & & & & & \\
1.84 & 0 & & & & & & \\
2.24 & 0.68 & 0 & & & & & \\
2.36 & 0.73 & 0.65 & 0 & & & & \\
2.35 & 0.72 & 0.89 & 0.24 & 0.00 & & & \\
2.78 & 0.95 & 1.39 & 0.74 & 0.52 & 0.00 & & \\
3.01 & 1.18 & 1.62 & 0.97 & 0.73 & 0.25 & 0.00 & \\
2.26 & 0.63 & 0.44 & 0.26 & 0.50 & 1.00 & 1.23 & 0.00
\end{array}
\right)
\end{array}
$$

（4）在上一步得到的 8×8 阶的距离矩阵中，非对角元素中最小者为 $d_{8,10} = 0.24$，故将 G_8 和 G_{10} 归并为一类，记为 G_{15}，即 $G_{15} = \{G_8, G_{10}\}$，按照式（3-51）分别计算 G_1，G_4，G_7，G_{12}，G_{13}，G_{14} 与新类 G_{15} 之间的距离，可得到一个新的 7×7 阶的距离矩阵：

$$
\begin{array}{c}
\quad\quad G_1 \quad\ G_4 \quad\ G_7 \quad\ G_{12} \quad G_{13} \quad G_{14} \quad G_{15} \\[4pt]
\begin{array}{c}
G_1 \\ G_4 \\ G_7 \\ G_{12} \\ G_{13} \\ G_{14} \\ G_{15}
\end{array}
\left(
\begin{array}{lllllll}
0 & & & & & & \\
1.84 & 0 & & & & & \\
2.24 & 0.68 & 0 & & & & \\
2.78 & 0.95 & 1.39 & 0.00 & & & \\
3.01 & 1.18 & 1.62 & 0.25 & 0.00 & & \\
2.26 & 0.63 & 0.44 & 1.00 & 1.23 & 0.00 & \\
2.36 & 0.73 & 0.89 & 0.74 & 0.97 & 0.50 & 0.00
\end{array}
\right)
\end{array}
$$

（5）在上一步得到的 7×7 阶的距离矩阵中，非对角元素中最小者为 $d_{12,13} = 0.25$，故将 G_{12} 和 G_{13} 归并为一类，记为 G_{16}，即 $G_{16} = \{G_{12}, G_{13}\}$，按照式（3-51）分别计算 G_1，G_4，G_7，G_{14}，G_{15} 与新类 G_{16} 之间的距离，可得到一个新的 6×6 阶的距离矩阵：

$$
\begin{array}{c}
\quad\quad G_1 \quad\ G_4 \quad\ G_7 \quad\ G_{14} \quad G_{15} \quad G_{16} \\[4pt]
\begin{array}{c}
G_1 \\ G_4 \\ G_7 \\ G_{14} \\ G_{15} \\ G_{16}
\end{array}
\left(
\begin{array}{llllll}
0 & & & & & \\
1.84 & 0 & & & & \\
2.24 & 0.68 & 0 & & & \\
2.26 & 0.63 & 0.44 & 0.00 & & \\
2.36 & 0.73 & 0.89 & 0.50 & 0.00 & \\
3.01 & 1.18 & 1.62 & 1.23 & 0.97 & 0
\end{array}
\right)
\end{array}
$$

（6）在第五步得到的 6×6 阶的距离矩阵中，非对角元素中最小者为 $d_{7,14} = 0.44$，故将 G_7 和 G_{14} 归并为一类，记为 G_{17}，即 $G_{17} = \{G_7, G_{14}\}$，按照式（3-51）分别计算 G_1，G_4，G_{15}，G_{16} 与新类 G_{17} 之间的距离，可得到一个新的 5×5 阶的距离矩阵：

$$
\begin{array}{ccccc}
 & G_1 & G_4 & G_{15} & G_{16} & G_{17} \\
G_1 & 0 \\
G_4 & 1.84 & 0 \\
G_{15} & 2.36 & 0.73 & 0 \\
G_{16} & 3.01 & 1.18 & 0.97 & 0 \\
G_{17} & 2.26 & 0.68 & 0.89 & 1.62 & 0
\end{array}
$$

（7）在上一步得到的 5×5 阶的距离矩阵中，非对角元素中最小者为 $d_{4,17} = 0.68$，故将 G_4 和 G_{17} 归并为一类，记为 G_{18}，即 $G_{18} = \{G_4, G_{17}\}$，按照式（3-51）分别计算 G_1，G_{15}，G_{16} 与新类 G_{18} 之间的距离，可得到一个新的 4×4 阶的距离矩阵：

$$
\begin{array}{cccc}
 & G_1 & G_{15} & G_{16} & G_{18} \\
G_1 & 0 \\
G_{15} & 2.36 & 0.00 \\
G_{16} & 3.01 & 0.97 & 0 \\
G_{18} & 2.26 & 0.89 & 1.62 & 0
\end{array}
$$

（8）在上一步得到的 4×4 阶的距离矩阵中，非对角元素中最小者为 $d_{15,18} = 0.89$，故 G_{15} 和 G_{18} 归并为一类，记为 G_{19}，即 $G_{19} = \{G_{15}, G_{18}\}$，按照式（3-51）分别计算 G_1，G_{16} 与新类 G_{19} 之间的距离，可得到一个新的 3×3 阶的距离矩阵：

$$
\begin{array}{ccc}
 & G_1 & G_{16} & G_{19} \\
G_1 & 0 \\
G_{16} & 3.01 & 0 \\
G_{19} & 2.36 & 1.62 & 0
\end{array}
$$

（9）在第八步得到的 3×3 阶的距离矩阵中，非对角元素中最小者为 $d_{16,19} = 1.62$，故将 G_{16} 和 G_{19} 归并为一类，记为 G_{20}，即 $G_{20} = \{G_{16}, G_{19}\}$，按照式（3-51）计算 G_1 与新类 G_{20} 之间的距离，可得到一个新的 2×2 阶的距离矩阵：

$$
\begin{array}{cc}
 & G_1 & G_{20} \\
G_1 & 0 \\
G_{20} & 3.01 & 0
\end{array}
$$

（10）把 G_1 和 G_{20} 归并为一类，所有分类对象均被归并为一类。

综合上述聚类过程，可以作出最远距离聚类谱系图（如图3-6所示）。

3.3.6　聚类应用实例分析

表3-8给出了某省14个地级市经济效益的有关数据，下面运用聚类分析的方法，对14个地级市进行聚类分析。步骤如下：（1）使用标准差标准化的方法，对原有数据的各类指标进行标准化处理；（2）采用欧式距离方法计算14个地级市之间的距离；（3）选用

最远距离聚类方法，对 14 个地级市进行聚类分析。上述的计算过程，可以通过 SPSS 或 Matlab 软件实现，最终聚类效果如图 3-7 所示。

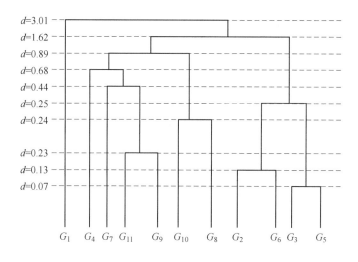

图 3-6　最远距离谱系图

表 3-8　某省 14 个地级市经济效益的有关数据

序号	总人口数/万人	GDP/亿元	工业总产值/百万元	客运总量/万人	货运总量/万吨	财政预算内收入/亿元	固定资产投资总额/亿元	城镇居民可支配收入/元	在岗职工人数/万人	在岗职工工资总额/万元
1	704.41	7153.13	70583	47131.38	41013	879.11	4593.39	33662	117.75	6284877
2	385.56	1948.01	54698	18731.52	20135	235.57	1505.33	28698	64.45	2681492
3	274.85	1438.05	51239	16579.1	9328	144.72	1214.92	24810	45.94	1721947
4	614.14	2169.44	52369	25225.53	23064	211.88	1437.3	22297	102.66	3508157
5	607.18	1130.04	45698	15236.32	12000	104.08	1029.99	17647	101.5	2494812
6	547.79	2430.52	57891	32015.2	21316	256.06	1485.35	21193	91.57	2849902
7	571.72	2264.94	53210	30159.12	1200	168.69	1284.16	20766	95.57	2904797
8	147.65	365.65	12856	45067.2	4068	36.28	210.84	16580	24.68	549094
9	431.31	1123.13	43201	14623.22	2573	86.05	842.37	18928	72.1	2094983
10	378.56	1118.17	46215	10579.88	13700	103.89	787.57	18680	63.28	1982321
11	458.17	1685.52	50894	28873.52	26434	216.09	1474.06	21634	76.59	2097744
12	518.02	1161.75	40137	10723	10652	100.18	1074.34	18526	86.59	2033180
13	474.19	1110.55	40015	10591.11	4057	110.47	801.42	17632	79.27	2040388
14	254.78	418.94	10326	40371.17	4105	50.23	248.32	16466	42.59	925306

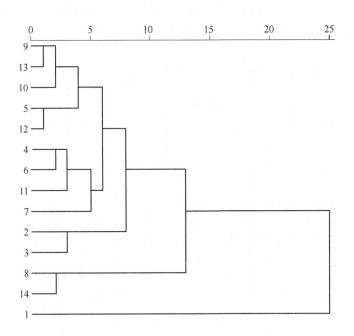

图 3-7   某省 14 个地级市经济效益的系统聚类（最远距离法）谱系图

3.4   主成分分析

3.4.1   问题的提出

在许多领域的研究与应用中，往往需要对反映事物的多个变量进行大量的观测，收集大量数据以便进行分析寻找规律。多变量大样本无疑会为研究和应用提供了丰富的信息，但也在一定程度上增加了数据采集的工作量，更重要的是在多数情况下，许多变量之间可能存在相关性，从而增加了问题分析的复杂性，同时对分析带来不便。

如果分别对每个指标进行分析，分析往往是孤立的，而不是综合的。盲目减少指标会损失很多信息，容易产生错误的结论。因此需要找到一个合理的方法，在减少需要分析的指标同时，尽量减少原指标包含信息的损失，以达到对所收集数据进行全面分析的目的。由于各变量间存在一定的相关关系，因此有可能用较少的综合指标分别综合存在于各变量中的各类信息。正是由于这样的需求，主成分分析法就产生了。

3.4.2   基本原理

主成分分析最早由 Pearson 于 1901 年发明，主要通过对协方差矩阵进行特征分析，达到在减少数据维数的同时保持数据集对方差贡献最大的目的，是将多个具有相关性的要素转化成几个不相关的综合指标的分析与统计方法。综合指标有可能包含众多相互重复的信息，主成分分析在保证信息最少丢失原则下，对原来指标进行降维处理，把一些不相关的指标省去，将原来较多的指标转换成能反映研究现象的较少的综合指标，这样能够简化复杂的研究，在保证研究精确度的前提下提高研究效率。

假设原有的变量指标为 x_1，x_2，$\cdots$，x_p，他们的综合性指标，即新变量指标为 y_1，y_2，$\cdots$，$y_m(m \leqslant p)$，即

$$
\begin{cases}
y_1 = a_{11}x_1 + a_{12}x_2 + \cdots + a_{1p}x_p \\
y_2 = a_{21}x_1 + a_{22}x_2 + \cdots + a_{2p}x_p \\
\qquad\qquad\qquad \vdots \\
y_m = a_{m1}x_1 + a_{m2}x_2 + \cdots + a_{mp}x_p
\end{cases}
\tag{3-52}
$$

式（3-52）中，系数 a_{11} 由以下原则来确定：

（1）y_i 和 $y_j(i \neq j,\ i,\ j = 1,\ 2,\ \cdots,\ m)$ 相互无关。

（2）y_1 是 x_1，x_2，$\cdots$，x_p 的一切线性组合中方差的最大者；y_2 是与 y_1 不相关的，x_1，x_2，$\cdots$，x_p 的所有线性组合中方差的最大者；$\cdots$；y_m 是与 y_1，y_2，$\cdots$，y_{m-1} 都不相关的 x_1，x_2，$\cdots$，x_p 的所有线性组合中方差的最大者。

3.4.3 计算步骤

根据上述主成分分析的基本原理，可以把主成分分析的计算步骤归纳如下：

（1）计算相关系数矩阵

$$
\boldsymbol{R} = \begin{pmatrix}
R_{11} & R_{12} & \cdots & R_{1p} \\
R_{21} & R_{22} & \cdots & R_{2p} \\
\vdots & \vdots & & \vdots \\
R_{p1} & R_{p2} & \cdots & R_{pp}
\end{pmatrix}
\tag{3-53}
$$

式中，$R_{ij}(i,\ j = 1,\ 2,\ \cdots p)$ 为原变量的 x_i 和 x_i 之间的相关系数，其计算公式为：

$$
R_{ij} = \frac{\sum\limits_{i=1}^{n}(x_i - \bar{x}_i)(x_j - \bar{x}_j)}{\sqrt{\sum\limits_{i=1}^{n}(x_i - \bar{x}_i)^2 \sum\limits_{i=1}^{n}(x_j - \bar{x}_j)^2}}
\tag{3-54}
$$

因为 $\boldsymbol{R}$ 是实对称矩阵（即 R_{ij} 等于 R_{ji}），所以只需要计算上三角或下三角元素即可。

（2）计算特征值和特征向量：

首先解特征方程 $|\lambda \boldsymbol{I} - \boldsymbol{R}| = 0$，通常用雅可比（Jacobi）法求出特征值 $\lambda_i(i = 1,\ 2,\ \cdots,\ p)$，并使其按大小顺序排列，即 $\lambda_1 \geqslant \lambda_2 \geqslant \cdots \geqslant \lambda_p \geqslant 0$；然后分别求出各特征值对应的特征向量 $e_i(i = 1,\ 2,\ \cdots,\ p)$。这里要求 $\|e_i\| = 1$，即 $\sum\limits_{i=1}^{n} e_{ij}^2 = 1$，其中 e_{ij} 表示向量 e_i 的第 j 个分量。

（3）计算主成分贡献率及累计贡献率：

主成分 y_i 的贡献率为：

$$
\frac{\lambda_i}{\sum\limits_{k=1}^{p} \lambda_k} \quad (i = 1, 2, \cdots, p)
\tag{3-55}
$$

累计贡献率为：

$$\frac{\sum\limits_{k=1}^{i} \lambda_k}{\sum\limits_{k=1}^{p} \lambda_k} \quad (i = 1, 2, \cdots, p) \tag{3-56}$$

一般取累计贡献率达 85%~95% 的特征值 λ_1，λ_2，$\cdots$，λ_m 所对应的第一，第二，$\cdots$，第 m（$m \leqslant p$）个主成分。

（4）计算主成分载荷：

主成分载荷计算公式：

$$l_{ij} = p(y_i, x_j) = \sqrt{\lambda_i} e_{ij} \quad (i = 1, 2, \cdots, p) \tag{3-57}$$

得到主成分的载荷后，可以按照式（3-52）进一步计算，得到各主成分的得分：

$$Y = \begin{pmatrix} y_{11} & y_{12} & \cdots & y_{1p} \\ y_{21} & y_{22} & \cdots & y_{2p} \\ \vdots & \vdots & & \vdots \\ y_{p1} & y_{p2} & \cdots & y_{pp} \end{pmatrix} \tag{3-58}$$

主成分分析的相关计算过程，可以借助于 SPSS 或 Matlab 软件实现。

3.4.4 应用实例

本实例结合表 3-9 中的数据，对某城市的土地安全评价做主成分分析，计算步骤如下：

（1）将表 3-9 中的数据按照标准差标准化处理，然后将它们带入公式（3.4.3）中计算相关系数矩阵（表 3-10）。

（2）根据得到的相关系数矩阵计算特征值，以及各个主成分的贡献率与累计贡献率（表 3-11）。由表 3-11 可知，第一、第二、第三主成分的累计贡献率已高达 85.376%（大于 85%），故只需求出第一、第二、第三主成分 y_1，y_2，y_3 即可。

（3）分别求出特征值对应的特征向量，再用公式计算各变量 x_1，x_2，$\cdots$，x_8 在主成分 y_1，y_2，y_3 上的载荷（表 3-12）。

表 3-9 某城市的土地安全影响因子

样本序号	人口密度 /人·km^{-2}	人口自然增长率 /%	城市化水平/%	人均 GDP /元·人$^{-1}$	人均耕地面积 /km^2·人	亏损规模企业占比 /%	规模工业增加值能耗降低率/%	第三产业比重/%
1	1989	0.6238	100	19898	0.0106	9.3750	25.2	67.0419
2	2360	0.6110	100	42486	0.0051	6.0000	22.9	38.8575
3	1338	0.4786	100	35178	0.0189	1.4706	29.76	48.2946

样本序号	人口密度/人·km^{-2}	人口自然增长率/%	城市化水平/%	人均GDP/元·人$^{-1}$	人均耕地面积/km^2·人	亏损规模企业占比/%	规模工业增加值能耗降低率/%	第三产业比重/%
4	2101	0.6394	100	41390	0.0103	7.9545	10.78	34.7009
5	306	0.7286	100	29684	0.0333	0.0000	12.9	77.7681
6	471	0.5683	29.59	18130	0.0533	3.7037	28.09	45.2303
7	473	0.5870	30.01	14328	0.0549	0.0000	26.78	32.7496
8	423	0.6333	30.57	16146	0.0595	0.8065	32.37	28.3372
9	383	0.3927	28.58	19781	0.0585	0.0000	30.76	44.6014
10	566	0.7175	32.56	14138	0.0382	0.0000	37.43	31.0842
11	535	0.7627	41.53	21325	0.0317	4.3165	31.88	38.3312
12	469	0.6244	41.08	17739	0.0440	0.9091	27.44	35.9755

表 3-10 相关系数矩阵

项目	x_1	x_2	x_3	x_4	x_5	x_6	x_7	x_8
x_1	1.000	-0.054	0.761	0.735	-0.887	0.823	-0.422	0.077
x_2	-0.054	1.000	0.083	-0.059	-0.220	0.151	-0.155	0.050
x_3	0.761	0.083	1.000	0.821	-0.885	0.564	-0.685	0.570
x_4	0.735	-0.059	0.821	1.000	-0.773	0.461	-0.659	0.180
x_5	-0.887	-0.220	-0.885	-0.773	1.000	-0.739	0.473	-0.299
x_6	0.823	0.151	0.564	0.461	-0.739	1.000	-0.400	0.168
x_7	-0.422	-0.155	-0.685	-0.659	0.473	-0.400	1.000	-0.458
x_8	0.077	0.050	0.570	0.180	-0.299	0.168	-0.458	1.000

注：x_1 代表人口密度（人/km^2），x_2 代表人口自然增长率（%），x_3 代表城市化水平（%），x_4 代表人均 GDP（元/人，x_5 代表人均耕地面积（km^2/人），x_6 代表亏损规模企业占比（%），x_7 代表规模工业增加值能耗降低率（%），x_8 代表第三产业比重（%）。

表 3-11 特征值及主成分贡献率

主成分	特征值	贡献率/%	累计贡献率/%
y_1	4.560	56.996	56.996
y_2	1.215	15.184	72.179
y_3	1.056	13.197	85.376

续表 3-11

主成分	特征值	贡献率/%	累计贡献率/%
y_4	0.630	7.876	93.253
y_5	0.415	5.182	98.434
y_6	0.085	1.059	99.493
y_7	0.023	0.289	99.782
y_8	0.017	0.218	100.000

表 3-12　主成分载荷

	y_1	y_2	y_3
x_1	0.880	-0.435	-0.001
x_2	0.122	0.337	0.918
x_3	0.946	0.181	-0.119
x_4	0.853	-0.109	-0.215
x_5	-0.936	0.138	-0.160
x_6	0.764	-0.296	0.259
x_7	-0.714	-0.413	0.094
x_8	0.422	0.768	-0.227

上述的计算过程，可以通过 SPSS 或 Matlab 软件系统实现。

此外，主成份分析方法也常常用于数据降维，如在多元回归分析中，较多的变量往往存在共线性问题，从而使得回归模型不稳定。如 3.2.5 小节中，统计的住宅房产特征变量有近 20 个，而实际上能够反映住宅特征的解释变量可能并不在其中，过多的变量产生共线性问题，从而使得回归方程不够准确。为此，需要寻找一种方法，对众多可能相关的住宅特征属性施行变换，由较少的、相互独立的、能集中全部原始变量较多信息的若干综合属性，替代原始变量进行拟合分析，可以采用主成分分析对数据进行降维，从而构建更为稳定的回归模型。

以赣州市城市基础信息数据和房产交易数据作为测试数据，构建了基于 GIS 和主成分分析的住宅房产特征价格估价软件，并利用该软件对赣州市某住宅房产进行具体估价实践，图 3-8 为估价系统主成分分析界面。

利用该系统，对赣州市三处待估房产进行估价，分别得到样本数据为 64、58、34，根据系统提供的主成分分析向导进行估价，最终多元线性回归函数通过检验，利用该函数估出待估房产价格相比而不经过主成分分析具有更高的准确度。另外，应用实践也表明，传统的线性拟合函数在样本数据较少的情况下所得结果不稳定，所得结果会造成很大偏差，甚至不能进行估价，而通过主成分分析后再进行拟合，拟合函数相对稳定，估价结果均能在正常范围之内，模型具有较高的可靠性。

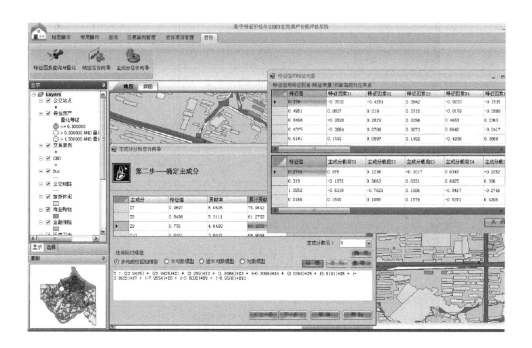

图 3-8　主成分分析界面

思考与练习题

1. 什么是相关系数？单相关系数、偏相关系数、复相关系数各有什么区别与联系，针对具体应用，应如何选择采用何种相关系数？
2. 什么是秩相关系数，举例说明其应用。
3. 什么是多元回归模型，多元回归模型与一元回归模型相比有何特点？
4. 举例说明什么是伪回归，实际应用中如何识别伪回归？
5. 举例说明多元回归分析中的共线性是如何产生的，如何识别和消除共线性？
6. 什么是系统聚类分析？其距离的计算方法对聚类结果有何影响？
7. 什么是主成分分析，主成分分析的步骤有哪些？
8. 最短距离聚类和最远距离聚类有何区别与联系？
9. 为了估计山上积雪融化后对河流下游灌溉的影响，在山上建立观测站，测得连续 10 年的观测数据如表 3-13。

表 3-13　积雪深度与灌溉面积数据

年份	最大积雪深度 x/m	灌溉面积 $y/千亩$
1971	15.2	28.6
1972	10.4	19.3

续表 3-13

年份	最大积雪深度 x/m	灌溉面积 y/千亩
1973	21.2	40.5
1974	18.6	35.6
1975	26.4	48.9
1976	23.4	45.0
1977	13.5	29.2
1978	16.7	34.1
1979	24.0	46.7
1980	19.1	37.4

（1）画出两者的散点图，计算二者的相关系数。

（2）计算回归系数 a、b，给出回归模型，并对其进行 F 值检验。

（3）假定 1981 年的积雪深度为 26.5m，估计当年的灌溉面积大约为多少？

10. 以国内生产总值（GDP）为因变量，借助统计软件对我国 1995 年社会经济发展的 8 项指标进行多元回归分析，并对结果进行检验（见表 3-14）。

表 3-14   1995 年各地区社会经济发展数据

地区	国内生产总值/万元	工业总产值/亿元	固定资产投资/亿元	全社会货物周转量/万吨	职工平均工资/元	居民消费水平/元	消费价格指数/%	商品零售价格指数/%
北京	1394.89	1908.62	519.01	373.9	8144	2505	117.3	112.6
天津	920.11	2094.01	345.46	342.8	6501	2720	115.3	110.6
河北	2849.52	3995.72	704.87	2033.3	4839	1258	115.2	115.8
山西	1092.48	1753.58	290.90	717.3	4721	1250	116.9	115.6
内蒙古	832.88	781.73	250.23	781.7	4134	1387	117.5	116.8
辽宁	2793.37	4974.90	887.99	1371.1	4911	2397	116.1	114.0
吉林	1129.20	1428.96	320.45	497.4	4430	1872	115.2	114.2
黑龙江	2014.53	2203.78	435.73	824.8	4145	2334	116.1	114.3
上海	2462.57	5128.97	996.48	207.4	9279	5343	118.7	113.0
江苏	5155.25	11812.86	1434.95	1025.5	5943	1926	115.8	114.3
浙江	3524.79	8087.75	1006.39	754.4	6619	2249	116.6	113.5
安徽	2003.58	3155.88	474.00	908.3	4609	1254	114.8	112.7

地区	国内生产总值/万元	工业总产值/亿元	固定资产投资/亿元	全社会货物周转量/万吨	职工平均工资/元	居民消费水平/元	消费价格指数/%	商品零售价格指数/%
福建	2160.52	2800.68	553.97	609.3	5857	2320	115.2	114.4
江西	1205.11	1291.37	282.84	411.7	4211	1182	116.9	115.9
山东	5002.34	8456.32	1229.55	1196.6	5145	1527	117.6	114.2
河南	3002.74	4715.11	670.35	1574.4	4344	1034	116.5	114.9
湖北	2391.42	4102.58	571.68	849.0	4685	1527	120.0	116.6
湖南	2195.70	2451.47	422.61	1011.8	4797	1408	119.0	115.5
广东	5381.72	9535.42	1639.83	656.5	8250	2699	114.0	111.6
广西	1606.15	1666.10	382.59	556.0	5105	1314	118.4	116.4
海南	364.17	193.26	198.35	232.1	5340	1814	113.5	111.3
四川	3534.00	4426.37	822.54	902.3	4645	1261	118.5	117.0
贵州	630.07	557.14	150.84	301.1	4475	942	121.4	117.2
云南	1206.68	1206.55	334.00	310.4	5149	1261	121.3	118.1
陕西	1000.03	1182.72	300.27	500.9	4396	1208	119.0	117.0
甘肃	553.35	824.73	114.81	507.0	5493	1007	119.8	116.5
青海	165.31	148.64	47.76	61.6	5753	1445	118.0	116.3
宁夏	169.75	197.50	61.98	121.8	5079	1355	117.1	115.3
新疆	834.57	802.02	376.95	339.0	5348	1649	119.7	116.7

11. 现有某地区 15 个房地产的售价、居住面积、评估价格和建筑等级（高、中、低）等数据，试以售价为因变量，根据表 3-15 资料拟合售价的预测模型。

表 3-15　某地区房地产相关数据

价格/万元	居住面积/m²	评估价格/万元	建筑等级
26.0	521	17.8	低
31.0	661	23.8	低
37.4	694	28.0	中
34.8	743	26.2	中
39.2	787	22.4	中

价格/万元	居住面积/m²	评估价格/万元	建筑等级
38.0	825	28.2	中
39.6	883	25.8	中
31.2	920	20.8	低
37.2	965	14.6	中
38.4	1011	26.0	中
43.6	1047	30.0	中
44.8	1060	29.2	高
40.6	1079	24.2	中
41.8	1164	29.4	高
45.2	1298	23.6	高

4 空间统计建模

空间统计建模主要思想源于地理学第一定律，即在地理空间中邻近的现象比距离远的现象更相似，其核心就是认识与地理位置相关的数据间的空间依赖、空间关联或空间自相关，通过空间位置建立数据间的统计关系。空间统计是针对空间位置关系迅速发展起来的技术领域，它最先开始应用于地质学，随后在社会地理学，特别是在犯罪和疾病空间研究中得到了广泛应用。本章结合具体应用实例，介绍空间自相关分析、趋势面分析、空间插值分析、地统计分析、地理加权回归分析几种典型的空间统计方法在地理信息科学领域的应用。

4.1 空间自相关分析

空间自相关分析是一种空间统计方法，可以揭示空间变量的区域结构形态。可以利用此方法对某一地区人口全局和局部空间自相关性进行实证分析。空间自相关分析，也是检验某一要素属性值是否与其相邻空间点上的属性值相关联的重要指标，正相关表明某单元的属性值变化与其相邻空间单元具有相同的变化趋势，代表了空间现象有集聚性的存在；负相关则相反。空间自相关分析可以分为全局空间自相关和局部空间自相关。

其中，全局空间自相关概括了在一个总的空间范围内空间依赖的程度；其最常用的关联指标是 Moran's I，在构成的 Moran 散点图中，可以划分为四个象限，对应四种不同的区域空间差异类型：高高（区域自身和周边地区的属性水平均较高，两者空间差异程度较小）、高低（区域自身属性水平高，周边地区属性水平低，两者空间差异程度较大）、低低、低高；能够根据高高、低低类型是否占最多，判断某一地区存在显著的空间自相关性，即具有明显的空间集聚特征。

局部空间自相关，描述一个空间单元与其领域的相似程度，能够表示每个局部单元服从全局总趋势的程度（包括方向和量级），并提示空间异质，说明空间依赖是如何随位置变化的。其常用反映指标是 Local Moran's I。其空间关联模式可细分四种类型：高高关联（即属性值高于均值的空间单元被属性值高于均值的领域所包围）、低低关联，属于正的空间关联；高低关联、低高关联，属于负的空间关联。

4.1.1 空间权重矩阵

在对经济、环境、土地等数据的处理和分析中，其数据不再被看作是相互独立的单元，他们彼此之间的相互依赖性越来越被人们重视，空间依赖性研究的内容主要是在一个相对的空间系统里面，所研究的单元都受哪些其他单元的影响，其影响力度有多大，类似于 GIS 中拓扑关系的空间关联方式。由于我们没有足够的交叉区域的信息来估计 $N \times (N+l)$ 个空间相关系数，因此采用一个表达二维空间依赖的空间权重矩阵就成为必要。

通常定义一个二元对称空间权重矩阵 $\boldsymbol{W}$，来表达 n 个位置的空间区域的邻近关系，其形式如下：

$$\boldsymbol{W} = \begin{bmatrix} w_{11} & w_{12} & \cdots & w_{1n} \\ w_{21} & w_{22} & \cdots & w_{2n} \\ \vdots & \vdots & \vdots & \vdots \\ w_{n1} & w_{n2} & \cdots & w_{nn} \end{bmatrix} \tag{4-1}$$

式中，w_{ij} 为区域 i 与 j 的临近关系，它可以根据邻接标准或距离标准来度量。

确定空间权重矩阵的规则有多种，主要如下：

（1）Queen 权重。

$$w_{ij} = \begin{cases} 1, \text{区域 } i \text{、} j \text{ 有公共顶点或公共边} \\ 0, \text{其他情况} \end{cases} \tag{4-2}$$

Queen 权重值有两个个值，1 或者 0，如果区域 i、j 有公共顶点或公共边，则值为 1，否则为 0。这和国际象棋中皇后的走棋方式类似，所以也叫后权重。

（2）距离阈值权重。

$$w_{ij} = \begin{cases} 1, \text{当区域 } i \text{ 和 } j \text{ 的距离小于 } d \text{ 时} \\ 0, \text{其他情况} \end{cases} \tag{4-3}$$

式中，d 是处理过程中设定的阈值。

（3）Rook 权重。

$$w_{ij} = \begin{cases} 1, \text{当 } i \text{ 和 } j \text{ 是上下左右邻接关系时} \\ 0, \text{其他情况} \end{cases} \tag{4-4}$$

Rook 权重的判定与 Queen 权重类似，但是去除了对角线的关系，只有上下左右，Rook 权重类似于国际象棋中的车的走法，所以也叫车矩阵。

4.1.2　全局空间自相关

Moran 指数和 Geary 系数是两个用来度量空间自相关的全局指标。其中，Moran 指数反映的是空间邻接或空间邻近的区域单元属性值的相似程度，而 Geary 系数与 Moran 指数存在负相关关系。

4.1.2.1　全局 Moran 指数

如果 x_i 是位置（区域）i 的观测值，则该变量的全局 Moran 指数 I。用如下公式计算

$$I = \frac{n \sum\limits_{i=1}^{n} \sum\limits_{j=1}^{n} w_{ij} (x_i - \bar{x})(x_j - \bar{x})}{\sum\limits_{i=1}^{n} \sum\limits_{j=1}^{n} w_{ij} \sum\limits_{i=1}^{n} (x_i - \bar{x})^2} = \frac{\sum\limits_{i=1}^{n} \sum\limits_{j \neq i}^{n} w_{ij} (x_i - \bar{x})(x_j - \bar{x})}{S^2 \sum\limits_{i=1}^{n} \sum\limits_{j \neq i}^{n} w_{ij}} \tag{4-5}$$

式中，I 为 Moran 指数；$S^2 = \dfrac{1}{n} \sum\limits_{i} (x_i - \bar{x})^2$；$\bar{x} = \dfrac{1}{n} \sum\limits_{i=1}^{n} x_i$。

Moran 指数一般解释为是一个取值范围在［-1，1］的相关系数，代表了观测元素之间的聚集程度，当取值为正，则证明观测值之间存在正相关，数据之间表现为高高聚集和低低聚集，在 Moran 散点图上分别对应第一象限和第三象限，也就是说高值趋向于和高值聚集在一起，当 Moran 值为负时，证明观测值之间存在负相关，数据之间表现为高低聚集，在 Moran 散点图上分别对应第二象限和第四象限，也就是说高值和低值趋向于聚集在一起。当取值接近于期望值（随着样本数目的增加，越来越趋近于0）时，证明空间观测数据不存在空间相关性，即是随机分布排列的。

对于 Moran 指数，可以用标准化统计量 Z 来检验 n 个区域是否存在空间自相关关系，Z 的计算公式为

$$Z(I) = \frac{I - E(I)}{\sqrt{\mathrm{VAR}(I)}} \tag{4-6}$$

根据公式计算出的检验统计量，可以对空间自相关关系进行显著性检验。式中的均值和方差都是理论上的均值和标准方差。可以对零假设 H_0（n 个区域单元的属性值之间不存在空间自相关）进行显著性检验，即检验所有区域单元的观测值之间是否存在空间自相关。Moran 指数值的显著性检验有两个标准系数，Z 值和 P 值。如果 Z 值和 P 值在合理的范围内，则证明 Moran 指数通过了显著性检验，所参与运算的要素或与要素关联值表现出统计意义上的显著性聚集或离散模式，而不是随机模式，这就证明某些潜在的空间过程在发挥作用。Z 值 < -1.65 或 $> +1.65$、P 小于 0.1 时，置信率为 90%；Z 值 < -1.96 或 $> +1.96$、P 小于 0.05 时，置信率为 95%；Z 值 < -2.58 或 $> +2.58$、P 小于 0.01 时，置信率为 99%。

4.1.2.2 Geary 系数 C

Geary 系数 C 计算公式为

$$C = \frac{(n-1) \sum\limits_{i=1}^{n} \sum\limits_{j=1}^{n} w_{ij}(x_i - x_j)^2}{2 \sum\limits_{i=1}^{n} \sum\limits_{j=1}^{n} w_{ij} \sum\limits_{i=1}^{n} (x_i - \bar{x})^2} \tag{4-7}$$

式中，C 为 Geary 系数；其他变量同式（4-5）。

Geary 系数 C 的取值一般为 $0 \sim 2$，大于 1 表示负相关，等于 1 表示不相关，而小于 1 表示正相关。当 $C=0$ 时，有很强的空间正相关性；当 $C=2$ 时，有很强的空间负相关性。

4.1.3 局部空间自相关

Moran 指数 I 和 Geary 系数 C 对空间自相关的全局评估，存在忽略了空间过程的潜在不稳定性问题。局部自相关通过分析各局部区域的属性信息，探查存在异质或是否均质的区域属性信息的变化。局部空间自相关统计量识别不同空间位置上的不同空间集聚模式，指出集聚位置，并探测空间异常，为区域分类或区域划分提供依据。

4.1.3.1 空间联系的局部指标

空间自相关的空间异质性可用 LISA 来揭示，LISA 是 Local Getis' G、Local Moran's I、Local Geaiy's C 等一组指数的总称。LISA 满足两个条件：（1）每个区域单元的 LISA，是描述该区域单元周围显著的相似值区域单元之间空间集聚的指标；（2）所有区域单元 LISA 的总和与全局的空间联系指标成比例。

局部 Moran 指数 I_i 被定义为

$$I_i = \frac{(x_i - \bar{x})}{S^2} \sum_j w_{ij}(x_j - \bar{x}) \tag{4-8}$$

式中，$S^2 = \dfrac{1}{n} \sum_i (x_i - \bar{x})^2$，$\bar{x} = \dfrac{1}{n} \sum_{i=1}^n x_i$。

每个区域单元 i 的 I_i 是描述该区域单元周围显著的相似值区域单元之间空间集聚程度的指标，局部 Moran 指数 I_i 是一种描述空间联系的局部指标。正的 I_i 值表示该区域单元周围相似值（高值或低值）的空间集聚，负的 I_i 值则表示非相似值的空间集聚。

局部 Moran 指数 I_i 统计量也需要显著性检验，检验的标准化统计量为

$$Z(I_i) = \frac{I_i - E(I_i)}{\sqrt{VAR(I_i)}} \tag{4-9}$$

很多统计软件提供 Moran 散点图，可以刻画出数据与其空间滞后项之间的关系，并对其进行了可视化二维展示，反映出考察变量在局部地区范围内的空间自相关性。在散点图中，四个象限分别被划分成高－高、低－低、高－低、低－高四种类型。

反映空间联系的局部指标可能会和全局指标不一致，实际上，空间联系的局部格局成为全局指标所不能反映的"失常"是很有可能的，尤其在大样本数据中，在强烈而且显著的全局空间联系之下，可能掩盖着完全随机化的样本数据子集，有时甚至会出现局部的空间联系趋势和全局的趋势恰恰相反的情况，这就使得采用 LISA 来探测空间联系很有必要。

4.1.3.2 G 统计量

Getis 等建议使用统计量 G_i 来检测小范围内的局部空间依赖性，对每一个区域单元 i 的统计量 G_i 为

$$G_i = \frac{\sum_i w_{ij} x_j}{\sum_j x_j} \tag{4-10}$$

对统计量 G_i 的检验与局部 Moran 指数相似，其检验值为

$$Z(G_i) = \frac{G_i - E(G_i)}{\sqrt{VAR(G_i)}} \tag{4-11}$$

显著的正 G_i 值表示在该区域单元周围，高观测值的区域单元趋于空间集聚，而显著的负 G_i 值表示低观测值的区域单元趋于空间集聚，与 Moran 指数只能发现相似值（正关

联）或非相似性观测值（负关联）的空间集聚模式相比，具有能够探测出区域单元属于高值集聚还是低值集聚的空间分布模式。

4.1.4 应用实例

根据江西省各地级市之间的邻接关系，采用 Queen 权重矩阵构建其空间权重矩阵，选取各地级市 2001～2008 年人均 GDP 数据，对江西省各地区人均 GDP 数据进行空间自相关与局部空间自相关分析，从而了解江西省各地区人均 GDP 是否具有空间集聚性及集聚状况，依照公式计算全局和局部人均 GDP 的 Moran 指数 I，结果如表 4-1 所示。

表 4-1　江西省 2001～2008 年全局和局部人均 GDP Moran 指数

年份	全局 Moran 指数	人均 GDP 局部 Moran 指数										
		赣州	吉安	抚州	鹰潭	上饶	景德镇	九江	南昌	宜春	萍乡	新余
2001	-0.257	1.31	5.732	4.485	-0.542	5.206	-5.263	0.83	-19.449	3.336	-1.43	-1.788
2002	-0.25	1.391	6.036	4.786	-0.346	5.154	-4.832	0.793	-19.562	3.656	-1.23	-2.647
2003	-0.253	1.526	6.708	5.581	-0.895	5.336	-5.561	0.944	-19.439	4.294	-1.399	-3.035
2004	-0.259	1.457	5.776	4.33	-0.562	4.767	-3.461	2.083	-19.487	3.567	-1.805	-3.094
2005	-0.266	1.483	6.111	4.779	-1.109	5.023	-3.003	2.109	-19.723	4.021	-1.91	-3.495
2006	-0.263	1.475	6.117	4.595	-0.904	5.078	-2.785	2.047	-19.448	3.91	-1.775	-3.752
2007	-0.285	1.564	7.549	5.745	-4.759	5.643	-1.897	2.98	-18.617	5.265	-1.483	-4.656
2008	-0.264	1.493	7.249	6.346	-3.283	5.813	-1.674	3.595	-16.947	5.397	-1.268	-5.936

根据表 4-1 数据并进行显著性检验，江西省 2001～2008 年各地区人均 GDP 全局 Moran 指数呈负的空间自相关，说明各地级市 2001～2008 年人均 GDP 总体比较分散，没有明显的空间集聚，全局 Moran 指数有进一步减小的趋势，但总体上基本趋于稳定，说明区域人均 GDP 分布的空间分布模式变化不大，也说明江西区域经济呈现较均衡的发展。局部 Moran 指数为正，其对应的统计单元人均 GDP 数据低于全省人均 GDP 数据时，空间关联为"低-低"关联，若高于全省人均 GDP 数据时，空间关联为"高-高"关联；局部 Moran 指数为负，其对应的区域统计单元人均 GDP 数据低于全省人均 GDP 数据时，空间关联为"低-高"关联，若高于全省人均 GDP 数据时，空间关联为"高-高"关联。由此生成关联类型图（图 4-1）。

从图 4-1 可以看出，江西省局部自相关类型主要为高-低集聚和低-低集聚两种类型，人均 GDP 高值区分散分布于江西省北部，无明显集聚现象，江西省面积较大的几个地区均为人均 GDP 低值区，且处于低-低集聚，虽然总体上江西整个区域发展较为均衡，江西省经济发展还是有一定的南北差异，作为省会城市的南昌，并没有发挥省会城市的辐射作用，有效带动周边区域的发展，形成高高集聚。结合表 4-1 人均 GDP 局部自相关系数可知，南昌人均 GDP 远远高于周边区域，但随着时间推移，南昌局部自相关指数绝对值逐渐减小，说明南昌与周边区域人均 GDP 差异在减小，南昌逐渐在发挥省会城市对周边区域的辐射作用。值得注意的是，江西省地区经济的低 – 低集聚有逐渐增强的趋势，需要采取措施，防止区域经济发展的不平衡。

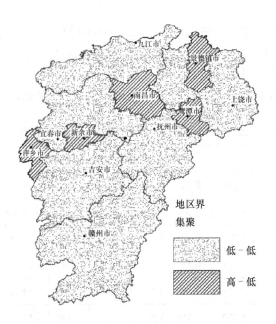

图 4-1　江西省人均 GDP 局部自相关关联类型图

4.2　趋势面分析

趋势面分析是运用数学方法计算出一个数学曲面来拟合数据中的区域性的分布及变化趋势的一种数学方法，实质上是通过回归分析原理，运用最小二乘法拟合一个二元非线性函数，展示地理要素在地域空间上的变化趋势。所谓变化趋势面并不是地理要素的实际分布面，而是一个模拟地理要素空间分布的近似曲面。

通常把实际的地理曲面分解为趋势面和剩余面两部分，前者反映地理要素的宏观分布规律，属于确定性因素作用的结果；而后者则对应于微观局域，是随机因素影响的结果。趋势面分析的一个基本要求，就是所选择的趋势面模型应该是剩余值最小，而趋势值最大，这样拟合度精度才能达到足够的准确性。

4.2.1　趋势面模型构建

设某地理要素的实际观测数据为 $z_i(x_i, y_i)$（$i = 1, 2, \cdots, n$），趋势面拟合值为 $\hat{z}_i(x_i, y_i)$，则有

$$z_i(x_i, y_i) = \hat{z}_i(x_i, y_i) + \varepsilon_i \tag{4-12}$$

式中，ε_i 为剩余面（残差值）。

显然，当 (x_i, y_i) 在空间上变动时，上式就刻画了地理要素的实际分布曲面、趋势

面和剩余面之间的互动关系。

　　趋势面分析的核心就是从实际观测值出发推算趋势面,一般采用回归分析方法,使得残差平方和最小,即

$$Q = \sum_{i=1}^{n} \varepsilon_i^2 = \sum_{i=1}^{n} \left[z_i(x_i, y_i) - \hat{z}_i(x_i, y_i) \right]^2 \rightarrow \min$$

以此来估算趋势面参数。

　　用来计算趋势面的数学方程式有多项式函数和傅立叶级数,其中最为常用的是多项式函数形式。通过调整多项式的次数,可使所求的回归方程适合实际问题的需要。

　　常用的多项式趋势面的形式包括:

　　(1) 一次趋势面模型。当某一地理要素的数值在空间上的分布,有一个方向向另一个方向递增或递减时,常用空间的倾斜平面来对要素值作趋势拟合,其模型为:

$$z = a_0 + a_1 x + a_2 y \tag{4-13}$$

　　(2) 二次趋势面模型。当某一地理要素的数值在空间上的分布呈现抛物线曲面时,一般用二次多项式来拟合。其模型为:

$$z = a_0 + a_1 x + a_2 y + a_3 x^2 + a_4 xy + a_5 y^2 \tag{4-14}$$

　　(3) 三次趋势面模型。

　　当某一地理要素的数值在空间上的分布呈三次曲面时,一般采用三次多项式来拟合。其模型为:

$$z = a_0 + a_1 x + a_2 y + a_3 x^2 + a_4 xy + a_5 y^2 + a_6 x^3 + a_7 x^2 y + a_8 xy^2 + a_9 y^3 \tag{4-15}$$

　　(4) 四次趋势面模型。当某一地理要素的数值在空间上的分布呈四次曲面时,一般采用四次多项式来拟合。其模型为:

$$\begin{aligned} z = {} & a_0 + a_1 x + a_2 y + a_3 x^2 + a_4 xy + a_5 y^2 + a_6 x^3 + a_7 x^2 y + a_8 xy^2 + a_9 y^3 + \\ & a_{10} x^4 + a_{11} x^3 y + a_{12} xy^3 + a_{13} x^2 y^2 + a_{14} y^4 \end{aligned} \tag{4-16}$$

　　在实际的空间趋势面模拟中,按照对事物认识由易到难的规律,应该首先考虑用(4-13)式表达的倾斜平面去拟合,然后再用式(4-14)描述的二次抛物趋势面去模拟,如果还不能满足研究需求,则需选用三次趋势面、四次趋势面甚至更高次趋势面进行拟合。

4.2.2　趋势面模型的参数估计

　　趋势面模型参数的估计实质上就是对非线性回归模型回归参数的估计。趋势面参数的估计就是根据观测值 z_i, x_i, $y_i (i = 1, 2, \cdots, n)$ 确定多项式的系数 a_0, a_1, $\cdots$, a_p, 使残差平方和最小。

　　若令

$$x_1 = x, x_2 = y, x_3 = x^2, x_4 = xy, x_5 = y^2, \cdots$$

则

$$\hat{z} = a_0 + a_1 x_1 + a_2 x_2 + \cdots + a_p x_p$$

这样就将多项式回归模型（非线性模型）转化为多元线性回归模型，采用最小二乘法的多元线性回归模型求解方法进行求解。

4.2.3 趋势面模型的适度检验

趋势面分析拟合程度与回归模型的效果直接相关，因此，对趋势面分析进行适度检验是一个关系到趋势面能否在实际应用研究的关键，也是趋势面分析中必不可少的重要环节。其可以通过趋势面的拟合度 R^2 检验、F 检验以及逐次检验来完成。

4.2.3.1 趋势面拟合适度的 R^2 检验

拟合度系数 R^2 是测定回归模型拟合优度的重要指标，一般用变量 z 的总离差平方和中回归平方和所占的比重表示回归模型的拟合优度，即

$$SS_T = \sum_{i=1}^{n} \left[z_i - \hat{z}_i \right]^2 + \sum_{i=1}^{n} \left[\hat{z}_i - \bar{z} \right]^2 = SS_D + SS_R$$

式中，$SS_D = \sum_{i=1}^{n} (z_i - \hat{z}_i)^2$ 为剩余平方和，它表示随机因素 z 对离差的影响；$SS_R = \sum_{i=1}^{n} (\hat{z}_i - \bar{z})^2$ 为回归平方和，它表示 p 个自变量对因变量 z 的离差的总影响。

SS_R 越大（或 SS_D 越小）就表示因变量与自变量的关系越密切，回归的规律性越强、效果越好。如式（4-17）。

$$R^2 = \frac{SS_R}{SS_T} = 1 - \frac{SS_D}{SS_T} \tag{4-17}$$

式中，R^2 越大，趋势面的拟合度就越高。

4.2.3.2 趋势面拟合适度的显著性 F 检验

趋势面适度的 F 检验，是对趋势面回归模型整体的显著性检验。方法为利用变量 z 的总离差平方和中剩余平方和与回归平方和的比值，确定变量 z 与自变量 x、y 之间的回归关系是否显著。即

$$F = \frac{SS_R / p}{SS_D / n - p - 1} \tag{4-18}$$

检验的方法为在显著性水平 α 下，查 F 分布表得 F_α，若计算的 F 值大于临界值 F_α，则认为趋势面方程显著；反之则不显著。

4.2.3.3 趋势面适度的逐次检验

在多项式趋势面分析和检验中，有时需要对相继两个阶次趋势面模型的适度性进行比较，为此需要求出较高次多项式方程的回归平方和与较低次多项式方程的回归平方和之差，将此差除以回归平方和的自由度之差，得出由于多项式次数增高所产生的回归均方差，然后将此均方差除以较高次多项式的剩余均方差，得出相继两个阶次趋势面模型的适度性比较检验值 F。若所得的 F 值是显著的，则较高次多项式对回归做出了新贡献，若 F

值不显著，则较高次多项式对于回归并无新贡献。

在实际应用中，往往用次数低的趋势面逼近变化比较小的地理要素数据，用次数高的趋势面逼近起伏变化比较复杂的地理要素数据。次数低的趋势面使用起来比较方便，但具体到某点拟合较差；次数较高的趋势面只在观测点附近效果较好，而在外推和内插时则效果较差。

4.2.4　应用实例

采集某镉矿经处理后的土壤含镉密度及其测量样点的坐标数据如表4-2所示。选择土壤含镉密度为因变量 z，测量位置的横轴坐标分别为自变量 x、y，进行趋势面分析，并对趋势面方程进行湿度检验与 F 检验。

表4-2　镉测量密度及采集样点的坐标数据

编号	密度 $z/g \cdot cm^{-3}$	横坐标 $x/10^2 m$	纵坐标 $y/10^2 m$
1	0.82	1.75	0
2	0.89	2.85	0
3	1.72	3.2	0.2
4	2.9	1	0.55
5	1.28	0	1.05
6	3.2	0.6	1.2
7	4.6	1.75	1.5
8	2.85	0.2	1.9
9	3.4	3.75	2.45
10	4.5	2.7	3
11	1.69	1.65	3.25
12	1.6	0.9	3.45

4.2.4.1　建立趋势面模型

A　二次趋势面模型

根据前面介绍的趋势面分析原理，运用最小二乘法求得二次的多项式趋势面，其拟合方程为：

$$z = -1.402 + 2.379x + 4.027y - 0.538x^2 + 0.057xy - 1.11y^2$$
$$(R^2 = 0.858, F = 7.246)$$

图4-2 展示了该二次多项式趋势面的图形。

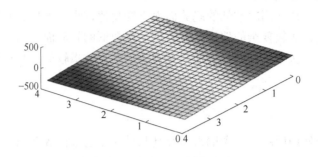

图 4-2   某镉矿镉密度的二次多项式趋势面

B   三次趋势面模型

根据前面介绍的趋势面分析原理,运用最小二乘法求得三次的多项式趋势面,其拟合方程为:

$$z = -0.096 + 0.857x + 1.872y + 0.18x^2 + 0.879xy -$$
$$0.12x^3 - 0.022x^2y - 0.236xy^2 - 0.149y^3$$
$$(R^2 = 0.839, \quad F = 1.958)$$

图 4-3 展示了该三次多项式趋势面的图形。

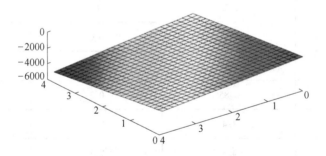

图 4-3   某镉矿镉密度的三次多项式趋势面

4.2.4.2   模型校验

(1) 趋势面拟合适度的 R^2 校验。根据 R^2 校验方法计算,结果表明,二次趋势面的判定系数为 $R^2 = 0.858$,三次趋势面的判定系数为 $R^2 = 0.839$,可见二次趋势面回归模型和三次趋势面回归模型的显著性都较高,而且二次趋势面较三次趋势面具有更高的拟合程度。

(2) 趋势面适度的显著性 F 检验。根据 F 校验方法计算,结果表明,二次趋势面和三次趋势面的 F 值分别为 $F_2 = 7.246$ 和 $F_3 = 1.958$。在置信度水平 $\alpha = 0.05$ 下,查 F 分布表可得 $F_{2\alpha} = F_{0.05}(5,6) = 4.53$, $F_{3\alpha} = F_{0.05}(9,2) = 19.4$。显然,$F_2 > F_{2\alpha}$,而 $F_3 < F_{3\alpha}$,因此,二次趋势面的回归方程显著而三次趋势面的回归方程不显著。F 检验的结果表明,用二次趋势面进行拟合比较合理。

（3）趋势面适度的逐次检验。在二次和三次趋势面检验中，对两个阶次趋势面模型的适度进行比较，相应的方差分析计算结果见表4-3。

表4-3　二次和三次趋势面回归模型的逐次检验方差分析表

离差来源	平方和	自由度	均方差	F 检验
三次回归	15.9	9	1.987	1.958
三次剩余	3.045	12 − 9 − 1	1.015	
二次回归	16.253	5	3.251	7.246
二次剩余	2.692	12 − 5 − 1	0.449	
由二次增高至三次的回归	− 0.353	4	− 0.088	− 0.087

从二次趋势面增加到三次趋势面，$F_{3 \to 2} = -0.087$。在置信度水平 $\alpha = 0.05$ 下，查 F 分布表得 $F_{0.05}(4,2) = 19.25$，由于 $F_{3 \to 2} < F_{0.05}(4,2) = 19.25$，故将趋势面拟合次数由二次增加到三次，对回归方程并无新贡献，因而将选取二次趋势面比较合适。这也进一步验证里适度检验的结论。

上述计算，包括制图过程，都可以借助 Matlab 软件实现。

4.3　空间插值分析方法

空间插值是指通过已知的数据点或已知的已划为各个相对小一些的区域内的数据点，计算出相关的其他未知点或相关区域内的所有点的方法。通过插值，可以估计某一点缺失的观测数据，以提高数据密度；可以使数据网格化，把非规则分布的空间数据内插为规则分布的空间数据。

空间插值被广泛应用于多种地理信息属性数据的获取中，例如水文数据、气象数据、地矿数据等。不同的空间数据插值方法适用于不同的地理信息属性数据，在运用空间数据插值方法获取未知数据之前，要进行必要的方法评价，以选择最佳的空间插值方法。

4.3.1　反距离权重插值

反距离权重插值（Inverse Distance Weighted，IDW）是最常用的空间插值方法之一，属于局部插值方法。基于相近相似的原理，两个地理事物离得近，它们的性质就越相似，反之，离得越远则相似性越小。它以插值点与样本点间的距离为权重进行加权平均，离插值点越近的样本点赋予的权重越大。

反距离加权插值法的一般公式如下：

$$\overline{Z}(s_0) = \sum_{i=1}^{N} \lambda_i Z(s_i) \tag{4-19}$$

$$\lambda_i = \frac{d_{i_0}^{-p}}{\sum_{i=1}^{N} d_{i_0}^{-p}} \tag{4-20}$$

$$\sum_{i=1}^{N} \lambda_i = 1 \tag{4-21}$$

式中，$Z(s_0)$ 为 s_0 处的预测值；N 为预测计算过程中要使用的预测点周围样点的数量；λ_i 为预测计算过程中使用的各样点的权重，该值随着样点与预测点之间距离的增加而减少；$Z(s_i)$ 是在 s_i 处获得的测量值；p 为指数值；d_{i_0} 是预测点 s_0 与各已知样点 s_i 之间的距离。

在预测过程中，各样点值对预测点值作用的权重大小是成比例的，这些权重值的总和为 1。参数 p 会影响样点在预测点值计算过程中所占权重的大小，随着采样点与预测值之间距离的增加，标准样点对预测点影响的权重按指数规律减少。

IDW 通过对邻近区域的每个采样点值平均运算获得内插单元值。它是一个均分过程，利用该方法进行插值时，样点分布应尽可能均匀，且布满整个插值区域。若样点分布不规则，插值时利用的样点往往也不均匀的分布在周围的不同方向上，会导致插值结果精度下降。受数据点集群的影响，IDW 的计算值经常出现一种孤立点数据明显高于周围数据点的"鸭蛋"分布模式，可以在插值过程中通过动态搜索准则进行一定程度的改进。

4.3.2　全局多项式插值

全局多项式插值（Global Polynomial Interpolation，GPI）以整个研究区的样点数据集为基础，用一个多项式来计算预测值，即用一个平面或曲面进行全区特征拟合。它所得的表面很少能与实际的已知样点完全重合，是一种非精确插值方法。

利用全局性插值法生成的表面容易受极高和极低样点值的影响，尤其在研究区边沿地带，因此它适用的情况主要有：（1）研究区域的表面变化缓慢，即这个表面上的样点值由一个区域向另一个区域的变化平缓时；（2）检验长期变化的、全局性趋势的影响时一般采用全局多项式插值法，在这种情况下应用的方法通常被称为趋势面分析。

4.3.3　局部多项式插值

局部多项式插值（Local Polynomial Interpolation，LPI）采用多个多项式，每个多项式都处在特定重叠的邻近区域内。通过使用搜索邻近区域对话框可以定义搜索的邻近区域，局部多项式插值法属于非精确插值方法，但它可建立平滑表面。

在局部多项式插值法中，需要进行设定邻近区域的形状、要用到的样点数量的最大值和最小值以及扇区的构造，同时通过改变参数值定义邻近区域的宽度。这个参数以预测点与已知样点之间的距离为基础，所用的邻近区域内的采样点的权重随着预测点与标准点之间距离的增加而减小。因此，局部多项式插值法多适用于确定变量的小范围的变异，尤其是数据集中含有短程变异时，局部多项式插值法生成的表面能描述这种短程变异。

4.3.4　径向基函数插值

径向基函数（Radial Basis Function，RBF）是由单个变量的函数构成，一个点

(x, y) 的基函数是 $h_i(x,y) = h(d_i)$，这里的 d_i 表示由点 (x, y) 到第 i 个数据点的距离。径向基函数插值法是多个数据插值方法的组合。

径向基函数包括五种不同的基本函数：平面样条函数、张力样条函数、规则样条函数、高次曲面函数和反高次曲面样条函数。选择何种基本函数意味着将以何种方式使径向基表面穿过一系列已知样点，属于精确插值方法。

径向基函数插值法适用于对大量点数据进行插值计算，同时要求获得平滑表面的情况。但它不适用于以下的情况：在一段较短的水平距离内，表面值发生较大的变化；无法确定采样点数据的准确性；采样点数据具有很大的不确定性。

样条函数插值中常采用 Regularized Spline（规则样条）和 Tension Spline（张力样条）。Regularized Spline 生成一个平滑、渐变的表面，插值结果可能会超出样本点的取值范围较多。TensionSpline 根据要生成的现象的特征生成一个比较坚硬的表面，插值结果更接近限制在样本点的取值范围内。

Regularized Spline 的函数式为：

$$\frac{1}{2\pi}\left(\frac{d^2}{4}\left(\ln\left(\frac{d}{2\tau}\right) + c - 1\right) + \tau^2\left(k_0\left(\frac{d}{\tau}\right) + c + \ln\left(\frac{d}{2\tau}\right)\right)\right) \tag{4-22}$$

式中，τ 为样条中要用到的权重；d 为待定值的点和控制点 i 间的距离；c 为常数 0.577215；$k_0(d/\tau)$ 为修正的零次贝塞耳函数，可由一个多项式方程估计。τ 值通常被设为 $0 \sim 0.5$ 之间。

Tension Spline 有以下的表达形式：

$$a + \sum_{i=1}^{n} A_i R(d_i) \tag{4-23}$$

式中，a 为趋势函数。基本函数 $R(d)$ 为

$$-\frac{1}{2\pi\phi^2}\left(\ln\left(\frac{d\phi}{2}\right) + c + k_0(d\phi)\right) \tag{4-24}$$

样条函数适合于非常平滑的表面，一般要求有连续的一阶和二阶导数。它适合于根据很密的点内插等值线，特别是从不规则三角网（TIN）内插等值线。由于其每次只用少量数据点进行插值，故速度较快，具备易操作、计算量小等优点，并且作为一种局部插值方法，保留了局部的变化特征，有较好的视觉效果。但同时样条函数插值存在着一些缺点，如难以对误差进行估计，点稀时效果不好等。

4.3.5 克里格插值

克里格方法（Kriging）又称空间局部插值法，是以变异函数理论和结构分析为基础，在有限区域内对区域化变量进行无偏最优估计的一种方法。20 世纪 50 年代初南非矿产工程师 D. R. Krige 在寻找金矿时首次运用该方法，60 年代在法国著名统计学家 G. Matheron 的大量理论研究工作基础上逐渐趋于理论化、系统化，并命名为 Kriging。

Kriging 的一般公式为：

$$\hat{z}(x_0) = \sum_{i=1}^{n} \lambda_i z(x_i) \tag{4-25}$$

$$\sum_{i=1}^{n} \lambda_i = 1 \tag{4-26}$$

式中，$z(x_i)$ 为观测值，它们分别位于区域内 x_i 位置；x_0 是一个未采样点；λ_i 为权重，并且其和等于1。

选取 λ_i，使 $\hat{z}(x_0)$ 的估计无偏并且使方差 σ_e^2 小于任意观测值线性组合的方差。最小方差由下式给定：

$$\sigma_e^2 = \sum_{i=1}^{n} \lambda_i \gamma(x_i, x_0) + \varphi \tag{4-27}$$

由该式得出：

$$\sum_{i=1}^{n} \lambda_i \gamma(x_i, x_j) + \varphi = \gamma(x_i, x_0) \; \forall jz \tag{4-28}$$

式中，$\gamma(x_i, x_j)$ 是 z 在采样点 x_i 和 x_j 之间的半方差；$\gamma(x_i, x_0)$ 是 z 值采样点 x_i 和 x_0 之间的半方差，这些量都由适宜的变异函数得到；φ 是极小化处理时的拉格朗日乘数。

目前克里格插值主要有：普通克里格（Ordinary Kriging）、泛克里格（Universal Kriging）、简单克里格（Simple aging）、协同克里格（Co-Kriging）、对数正态克里格（Logistic Normal Kriging）、指示克里格（IndicatorKriging）、概率克里格（Probability Kriging）、析取克里格（Disjunctive Kriging）等。

克里格插值的适用范围为区域化变量存在空间相关性，其优点是以地质统计学作为理论基础，可以克服内插中误差难以分析的问题，能够对误差做出逐点的理论估计；根据区域化变量的特点，处理时可以较好解决采样点间的"丛聚效应"和各向异性等问题，并且不会产生回归分析的边界效应；另外通过设计变异函数（variogram）易于剔除"局外点"。但其缺点是复杂，计算量大，特别是变异函数由几个标准变异函数模型组合时，计算量非常大，并且变异函数的选定需要根据经验人为选定，带有一定主观性。

4.3.6　应用实例

以江西理工大学黄金校区为例，对校园内中国电信 WiFi 信号分别用常用的克里格空间插值计算与反距离权重插值计算（其他插值方法略），得到的结果如图 4-4 所示。（注：根据《中华人民共和国通信行业标准》，WiFi 信号功率绝对值为 dBm，在仪器上这个值显示为负，其值越接近 0 则说明信号越强。根据标准规定，WiFi 信号强度大于 −90dBm 信号属于正常范围，低于 −113dBm 的 WiFi 信号基本无法连接）

结果讨论：从图 4-4 可以看出，在学校范围内，中国电信的 WiFi 信号可分布到学校的每个角落，但是不同的位置 WiFi 信号的强度有较大差别，WiFi 信号强度较好的区域都分布在人流量大、同学老师经常活动的区域，如教学楼、图书馆、宿舍以及各个学院大楼。WiFi 信号强度最大的是教学楼区域，最差的区域是学校的西北角。

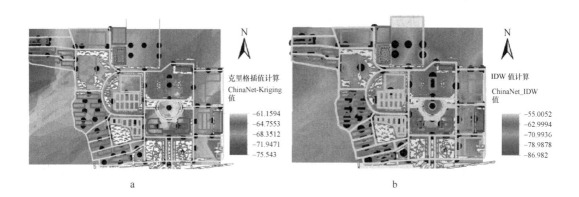

图 4-4　空间插值结果

a—克里格空间插值结果；b—反距离权重空间插值结果

上述空间插值计算过程，可以借助 ARCGIS10.0 以上版本中的 Spatial Analyst Tools 分析工具实现。

4.4　地统计分析方法

4.4.1　问题的提出

地统计学是以区域化变量理论为基础，以变异函数为主要工具，研究在空间分布上既有随机性又有结构性，或空间相关和依赖性的自然现象的科学。协方差函数和变异函数是以区域化变量理论为基础建立起来的地统计学的两个最基本的函数。地统计学的主要方法之一，克立格法就是建立在变异函数理论和结构分析基础之上的。

4.4.2　原理与方法

4.4.2.1　基本概念

A　区域化变量

区域化变量亦称区域化随机变量，G. Matheron（1963 年）将它定义为以空间点 x 的三个直角坐标为自变量的随机场。这种变量常常反映某种空间现象的特征，用区域化变量来描述的现象称之为区域化现象。区域化变量具有两个最显著，即随机性和结构性。区域化变量是地质统计学的研究对象，自然现象可以借助于区域化变量并利用数学分析方法来进行描述。实际上，除了地学中几乎所有变量可以看作是区域化变量外，生态学、林学、农学、气象学中的许多变量也都可以看作是区域化变量，如国际市场石油或金属价格，可以把价格变量看成一维区域化变量（时间上的分布）。

B　协方差函数

区域化随机变量之间的差异，用空间协方差来表示。在概率论中，随机向量 X 与 Y 的协方差被定义为

$$\mathrm{cov}(x,y) = E\big[(x - Ex)(y - Ey)\big] \tag{4-29}$$

区域化变量 $Z(x) = Z(x_u, x_v, x_w)$ 在空间点 x 和 $x + h$ 处的两个随机变量的二阶混合中心矩定义为 $Z(x)$ 的自协方差函数，即

$$\text{cov}[Z(x), Z(x+h)] = E[Z(x)Z(x+h)] - E[Z(x)]E[Z(x+h)] \tag{4-30}$$

协方差函数的计算公式为：

$$c(h) = \frac{1}{N(h)} \sum_{i=1}^{N(h)} [Z(x_i) - \overline{Z}(x_i)][Z(x_i + h) - \overline{Z}(x_i + h)] \tag{4-31}$$

式中，h 为两样本点空间分隔距离或距离滞后；$Z(x_i)$ 为 $Z(x)$ 在空间位置 x_i 处的实测值；$Z(x_i + h)$ 是 $Z(x)$ 在 x_i 处距离偏离 h 的实测值 $[i = 1, 2, \cdots, N(h)]$；$N(h)$ 是分隔距离为 h 时的样本点对（paris）总数；$\overline{Z}(x_i)$ 和 $\overline{Z}(x_i + h)$ 分别为 $Z(x_i)$ 和 $Z(x_i + h)$ 的样本平均数，即

$$\overline{Z}(x_i) = \frac{1}{N} \sum_{i=1}^{N} Z(x_i) \tag{4-32}$$

$$Z(\overline{x}_i + h) = \frac{1}{N} \sum_{i=1}^{N} Z(x_i + h) \tag{4-33}$$

若 $\overline{Z}(x_i) = \overline{Z}(x_i + h) = m$（常数），则上式可以改写为

$$c(h) = \frac{1}{N(h)} \sum_{i=1}^{N(h)} [Z(x_i)Z(x_i + h)] - m^2 \tag{4-34}$$

式中，m 为样本平均数，可由一般算术平均数公式求得，即

$$m = \frac{1}{N} \sum_{i=1}^{n} Z(x_i) \tag{4-35}$$

C　变异函数

变异函数是地统计分析所特有的基本工具，在一维条件下变异函数定义为：当空间点 x 在一维 x 轴上变化时，区域化变量 $Z(x)$ 在点 x 和 $x + h$ 处的值 $Z(x)$ 与 $Z(x + h)$ 差的方差的一半为区域化变量 $Z(x)$ 在 x 轴方向上的变异函数，记为 $\gamma(h)$，即

$$\begin{aligned} \gamma(x, h) &= \frac{1}{2} \text{var}[Z(x) - Z(x + h)] \\ &= \frac{1}{2} E[Z(x) - Z(x + h)]^2 - \frac{1}{2} \{E[Z(x)] - E[Z(x + h)]\}^2 \end{aligned} \tag{4-36}$$

在二阶平稳假设条件下，对任意的 h 有

$$E[Z(x + h)] = E[Z(x)]$$

因此，公式可以改写为

$$\gamma(x, h) = \frac{1}{2} E[Z(x) - Z(x + h)]^2 \tag{4-37}$$

变异函数依赖于两个自变量 x 和 h，当变异函数 $\gamma(x, h)$ 仅仅依赖于距离 h 而与位置 x 无

关时，$\gamma(x, h)$ 可改写成 $\gamma(h)$，即

$$\gamma(h) = \frac{1}{2}E[Z(x) - Z(x + h)]^2 \tag{4-38}$$

4.4.2.2 变异函数的计算

设 $Z(x)$ 是系统某属性 Z 在空间位置 x 处的值，$Z(x)$ 为一区域化随机变量，并满足二阶平稳假设，h 为两样本点空间分隔距离，$Z(x_i)$ 和 $Z(x_i + h)$ 分别是区域化变量 $Z(x)$ 在空间位置 x_i 和 $x_i + h$ 处的实测值 $[i = 1, 2, \cdots, N(h)]$，那么，变异函数 $\gamma(h)$ 的离散计算公式为

$$\gamma(h) = \frac{1}{2N(h)} \sum_{i=1}^{N(h)} [Z(x_i) - Z(x_i + h)]^2 \tag{4-39}$$

变异函数揭示了在整个尺度上的空间变异格局，能同时描述区域化变量的随机性和结构性，从而在数学上对区域化变量进行严格分析，是空间变异规律分析和空间结构分析的有效工具。

变差图是指以 h 为横坐标，以 $\gamma(h)$ 值为纵坐标作出的图形。变异函数 $\gamma(h)$ 随滞后距 h 变化的各项特征，这些特征包括影响区域的大小，空间各向异性的程度，以及变量的空间的连续性，表达了区域化变量的各种空间变异性质。这些特征可通过变差的各项参数，即变程（Range）、块金（Nugget）、基台（Sill）来表示其物理意义。

4.4.2.3 变异函数的理论模型

根据区域化变量特点所绘制的变异函数曲线，由于样品数量较少，实际上是非光滑曲线，还必须用适当的光滑曲线对其进行拟合，并用特定的函数式来描述。一个理想的变异函数曲线，应该是变程尽可能的大，块金效应最弱，基台值最小，相关性最好。下面有代表性地介绍几种常见的变异函数理论模型。

（1）纯块金效应模型。其一般公式为

$$\gamma(h) = \begin{cases} 0 & h = 0 \\ c_0 & h > 0 \end{cases} \tag{4-40}$$

式中，$c_0 > 0$，为先验方差。该模型相当于区域化变量为随机分布，样本点间的协方差函数对于所有距离 h 均等于 0，变量的空间相关不存在。

（2）球状模型。其一般公式为

$$\gamma(h) = \begin{cases} 0 & h = 0 \\ c_0 + c\left(\dfrac{3h}{2a} - \dfrac{h^3}{2a^3}\right) & 0 < h \leq a \\ c_0 + c & h > a \end{cases} \tag{4-41}$$

式中，c_0 为块金（效应）常数；c 为拱高；$c_0 + c$ 为基台值；a 为变程。当 $c_0 = 0$，$c = 1$ 时，称为标准球状模型。球状模型是地统计分析中应用最广泛的理论模型，许多区域化变量的理论模型都可以用该模型去拟合。

（3）指数模型。其一般公式为

$$\gamma(h) = \begin{cases} 0 & h = 0 \\ c_0 + c(1 - e^{-\frac{h}{a}}) & h > 0 \end{cases} \tag{4-42}$$

式中，c_0 和 c 意义与前相同，但 a 不是变程。当 $h = 3\alpha$ 时，$1 - e^{-\frac{h}{a}} = 1 - e^{-3} \approx 0.95 \approx 1$，即 $\gamma(3a) \approx c_0 + c$，从而指数模型的变程 a' 约为 $3a$。当 $c_0 = 0$，$c = 1$ 时，称为标准指数模型。

（4）高斯模型。其一般公式为

$$\gamma(h) = \begin{cases} 0 & h = 0 \\ c_0 + c(1 - e^{-\frac{h^2}{a^2}}) & h > 0 \end{cases} \tag{4-43}$$

式中，c_0 和 c 意义与前相同，a 也不是变程。当 $h = \sqrt{3}a$ 时，$1 - e^{-\frac{h^2}{a^2}} = 1 - e^{-3} \approx 0.95 \approx 1$，即 $\gamma(\sqrt{3}a) \approx c_0 + c$，因此高斯模型的变程 a' 约为 $3a$。当 $c_0 = 0$，$c = 1$ 时，称为标准高斯函数模型。

（5）幂函数模型。其一般公式为

$$\gamma(h) = Ah^\theta, 0 < \theta < 2 \tag{4-44}$$

式中，θ 为幂指数。当 θ 变化时，这种模型可以反映在原点附近的各种性状。但是 θ 必须小于2，若 $\theta \geqslant 2$，则函数 $\gamma(-h)$ 就不再是一个条件非负定函数了，也就是说它已经不能成为变异函数了。

（6）对数模型。其一般公式为

$$\gamma(h) = A\lg h \tag{4-45}$$

显然，当 $h \to 0$，$\lg h \to -\infty$，这与变异函数的性质 $\gamma(h) \geqslant 0$ 不符。因此，对数模型不能描述点支撑上的区域化变量的结构。

4.4.3　应用实例

某市房价是一个区域化变量，其变异函数的实测值及经纬度坐标的关系见表4-4，下面我们试用回归分析方法建立其球状变异函数模型。

表4-4　某市在2019年4月房价数据

序号	小区	lon	lat	单价/万元
1	嘉福·国际	114.965595	25.848249	1.1141
2	华润·万橡公馆	114.957514	25.84549	1.2937
3	国际时代广场	114.920934	25.85515	1.1119
4	V+公寓	114.93622	25.835374	1.1474
5	万象国际广场	114.957969	25.844885	0.9806

续表4-4

序号	小区	lon	lat	单价/万元
6	巨亿城·赣南电商城	114.955907	25.832371	1.1449
7	中梁·华董国宾府	114.962941	25.841387	1.075
8	章江花园	114.93235	25.844032	1.3216
9	华尔街铭府	114.933643	25.845403	1.1452
10	张家围17号花园	114.949872	25.843131	1.0708
	⋮			
154	春江花月	114.92713	25.859299	0.9231

从上面的介绍和讨论，我们知道，球状变异函数的一般形式为

$$\gamma(h) = \begin{cases} 0 & h = 0 \\ c_0 + c\left(\dfrac{3h}{2a} - \dfrac{h^3}{2a^3}\right) & 0 < h \leqslant a \\ c_0 + c & h > a \end{cases}$$

当 $0 < h \leqslant a$ 时，有

$$\gamma(h) = c_0 + \left(\frac{3c}{2a}\right)h - \left(\frac{c}{2a^3}\right)h^3$$

如果记 $y = \gamma(h)$，$b_0 = c_0$，$b_1 = \dfrac{3c}{2a}$，$b_2 = -\dfrac{1}{2}\dfrac{c}{a^3}$，$x_1 = h$，$x_2 = h^3$，则可以得到线性模型

$$y = b_0 + b_1 x_1 + b_2 x_2 \tag{4-46}$$

根据表中的数据，在 GS + 软件中对上式进行最小二乘拟合，如图4-5所示，得到式（4-47）。

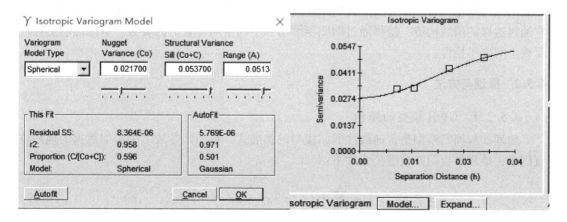

图4-5　GS + 软件中最小二乘拟合界面

$$y = 0.0217 + 0.9357x_1 - 118.514x_2 \tag{4-47}$$

计算可知，上式的显著性检验参数 $R^2 = 0.958$，可见模型的拟合效果较好。

比较上面两个公式，并做简单计算可知：$c_0 = 0.0217$，$c = 0.0320$，$a = 0.0513$，所以，球状变异函数模型为

$$\gamma^*(h) = \begin{cases} 0 & h = 0 \\ 0.0217 + 0.0320\left(\dfrac{h}{0.0770} - \dfrac{h^3}{0.0003}\right) & 0 < h \leqslant 0.0513 \\ 0.0537 & h > 0.0513 \end{cases} \tag{4-48}$$

在实际问题分析中，变异函数模型的拟合计算，也可以借助于有关软件来完成。如 7.0 以上版本的 GS^+（geostatistic for the environment sciences）软件。

4.5　地理加权回归分析方法

4.5.1　问题的提出

普通回归模型分析时，数据取自于地理单元中，然后估计单独的回归方程，从而使得所得到的估计的参数具有"全局性""平均性"，也即假设了参数在整个地理空间上是相等的，即认为所测度的空间关系在空间上是平稳的。然而，现实并非如此，在现实中，往往表现为空间非平稳性，这会使得回归模型估计得到的参数的解释带来困难。造成空间非平稳性一个较大的原因是：随着地域的不同其本身内在的一些关系也会变化，如在不同的地域，政府的管理、治安的环境以及其他一些因素必然不同，人们会根据自己的偏好做不同的选择，这就导致了空间异质性的存在。

在不同的空间区位，被解释变量和解释变量间的关系会发生空间上的变化，将这类由于空间区位的变换而引起的被解释变量和解释变量间的关系在空间上的变化定义为空间非平稳性。Fortheringhametal 基于局部回归和变参数的研究，创造性地构建了地理加权回归模型（Geographic Weighted Regression，GWR），它将回归得到的参数视为空间位置的函数，然后通过局部加权最小二乘方法进行估计，而估计利用到的权则是对应回归样本所在的空间点到其他所有样本空间点间的距离函数。这是地理加权回归模型的优点所在之处，它通过这样的函数构造，使得通过回归能够得到不同空间位置上的参数，从而能够更好地反映空间非平稳性。

4.5.2　原理与方法

4.5.2.1　GWR 模型的结构

地理加权回归模型是普通线性回归模型的扩展式，在回归参数之中添加数据的地理位置因子，地理加权回归模型公式如下：

$$y = \beta_0(u_i, v_i) + \sum_{k=1}^{p} \beta_{ik}(u_i, v_i) x_{ik} + \varepsilon_i \quad (i = 1, 2, \cdots, n) \tag{4-49}$$

这里 (u_i, v_i) 是 i 采样点的地理位置因子，$\beta_k(u_i, v_i)$ 是在 i 采样点上的第 k 个回

归参数，是地理位置的函数，省略地理位置因子项为：

$$y = \beta_{i0} + \sum_{k=1}^{p} \beta_{ik} x_{ik} + \varepsilon_i \quad (i = 1, 2, \cdots, n) \tag{4-50}$$

对于现实问题，当获得 n 组关于研究要素因变量以及各影响因素变量的观察数据 $(x_{i1}, x_{i2}, \cdots, x_{ip}; y_i)$，则地理加权回归模型可表示为：

$$\begin{cases} y_1 = \beta_{10} + \beta_{11} x_{11} + \beta_{12} x_{12} + \cdots + \beta_{1p} x_{1p} + \varepsilon_1 \\ y_2 = \beta_{20} + \beta_{21} x_{21} + \beta_{22} x_{22} + \cdots + \beta_{2p} x_{2p} + \varepsilon_2 \\ \vdots \\ y_n = \beta_{n0} + \beta_{n1} x_{n1} + \beta_{n2} x_{n2} + \cdots + \beta_{np} x_{np} + \varepsilon_n \end{cases} \tag{4-51}$$

写成矩阵形式为：

$$\boldsymbol{y} = (\boldsymbol{X} \otimes \boldsymbol{\beta}') \boldsymbol{I} + \boldsymbol{\varepsilon} \tag{4-52}$$

其中：

$$\boldsymbol{y} = \begin{bmatrix} y_1 \\ y_2 \\ \vdots \\ y_n \end{bmatrix}, \boldsymbol{X} = \begin{bmatrix} 1 & x_{11} & x_{12} & \cdots & x_{1p} \\ 1 & x_{21} & x_{22} & \cdots & x_{2p} \\ \vdots & \vdots & \vdots & \vdots & \vdots \\ 1 & x_{n1} & x_{n2} & \cdots & x_{np} \end{bmatrix}, \boldsymbol{\varepsilon} = \begin{bmatrix} \varepsilon_1 \\ \varepsilon_2 \\ \vdots \\ \varepsilon_n \end{bmatrix} \tag{4-53}$$

这里 $\otimes$ 表示矩阵的逻辑乘运算，即将 X 的元素与 β' 对应的元素相乘，构成新矩阵，设有 n 个数据采样点和 p 和自变量，则 X 和 β' 都是 $n \times (p+1)$ 维的矩阵，I 为 $(p+1) \times 1$ 单位向量。β' 有 n 组局域回归参数构成，形式为：

$$\boldsymbol{\beta}' = \begin{bmatrix} \beta_{10} & \beta_{11} & \cdots & \beta_{1p} \\ \vdots & \vdots & \cdots & \vdots \\ \beta_{i0} & \beta_{i1} & \cdots & \beta_{ip} \\ \vdots & \vdots & \cdots & \vdots \\ \beta_{n0} & \beta_{n1} & \cdots & \beta_{np} \end{bmatrix} \tag{4-54}$$

4.5.2.2 GWR 模型参数估计

A 最小二乘法（Ordinary Least Square，OLS）

一般采用最小二乘法对普通线性回归方程未知参数 β_0，β_1，$\cdots$，β_p 进行估计，最小二乘法（OLS）即寻找估计值 $\hat{\beta}_0$，$\hat{\beta}_1$，$\cdots$，$\hat{\beta}_p$ 使得残差平方和最小，即满足：$Q(\hat{\beta}_0,$ $\hat{\beta}_1$，$\cdots$，$\hat{\beta}_p) = \sum_{i=1}^{n} (y_i - \hat{\beta}_0 - \hat{\beta}_1 x_{i1} - \cdots - \hat{\beta}_p x_{ip})^2 = \min_{\beta_0, \beta_1, \cdots, \beta_p} \sum_{i=1}^{n} (y_i - \beta_0 - \beta_1 x_{i1} - \cdots - \beta_p x_{ip})^2$ 由此可以通过求解 $\hat{\beta}_0$，$\hat{\beta}_1$，$\cdots$，$\hat{\beta}_p$ 标准方程组：

$$\begin{cases} \dfrac{\partial Q}{\partial \beta_0} \bigg|_{\beta_0 = \hat{\beta}_0} = 0 \\ \dfrac{\partial Q}{\partial \beta_i} \bigg|_{\beta_i = \hat{\beta}_i} = 0 \end{cases} \tag{4-55}$$

它的优点如下，首先根据最小二乘法得到的回归方程能使离差平方和达到最优；其次，由最小二乘法求得的线性回归方程可知 β_0，β_1，$\cdots$，β_p 的估计量的分布；最后，在某些条件下，β_0，β_1，$\cdots$，β_p 的最小二乘估计量同其他估计量相比，其抽样分布具有较小的标准差。

B　加权最小二乘方法（Weighted Least Square，WLS）

由于地理加权回归参数在不同采样点上的值不相同，因此估计参数的个数远远大于观测个数 n，每个位置对应一组参数，n 个观测点就有 n 组参数，因此位置参数的个数为 $n \times (p+1)$。所以最小二乘法就不适用于估计未知的位置参数，然而可以从非参数光滑方法中找到拟合该模型的可行思路。

假设回归参数所在地理区域是连续的，相邻地方的回归参数数值就非常接近。对于采样点 i，以它及其邻域采样点上的观察数据构成区域样本，这样构建多元线性回归模型，依然采用最小二乘法对这个小区域进行回归参数估计，得到回归参数估计 $\hat{\beta}_{ik}$（$k = 0$，1，2，$\cdots$，p）。以此类推，对于其他采样点 $i+1$ 构成另一个区域样本来估计。由于在回归分析过程中，使用了其他采样点上的观察数据来估计 i 点上的回归参数，估计得到的 i 点上的参数肯定会有相应的偏差。

显然，采用的回归估计子样规模越小，参数估计的偏差就越小，采用的回归估计子样规模越大，参数估计的偏差就越大。从降低偏差、提高准确度的角度考虑应尽量减小子样规模，但从子样规模的减小必然导致回归参数估计值的方差增加，精度又会随之降低。为了充分利用已有的观测值，并能减小子样规模扩大引起的偏差增加，对这种方法进行修正；在估算采样点 i 的回归参数时，其邻域内不同采样点观测值的相对于它的重要性有所不同，距离 i 点越近的观测值重要性越大，越远的观测值重要性越小，所以提出加权最小二乘方法。方法的思路为：通过使下式的值达到最小来估计 i 点的回归参数。

$$\sum_{j=1}^{n} w_{ij} \left(y_j - \beta_{i0} - \sum_{k=1}^{p} \beta_{ik} x_{ik} \right)^2 \tag{4-56}$$

事实上对 $\hat{\beta}_{ik}$（$k = 0$，1，2，$\cdots$，p）的估计方法就是加权最小二乘法，这里，w_{ij} 是采样点 i 与邻域观察点 j 之间地理距离 d_{ij} 的单调递减函数，称之为空间权函数。通常使用GWR4.0 软件进行地理加权回归模型的参数估计。

4.5.2.3　空间权函数

在地理加权回归模型估计中，空间权重函数的选取非常重要，因为空间权重函数用来表示数据的空间关系，其规律是权重在一定区域内随着距离的增大而减小，下面对常用的空间权函数进行介绍。

A　Gauss 函数

Gauss 函数的思想是选取一个连续单调递减函数来表示 w_{ij} 和 d_{ij} 之间的函数关系，满足要求的函数有多个，Gauss 函数因其普适性而得到广泛应用，其函数表达式如下：

$$w_{ij} = \exp\left(-(d_{ij}/b)^2 \right) \tag{4-57}$$

式中，b 称为带宽（bandwidth），是用于解释 w_{ij} 和 d_{ij} 之间函数关系的非负常数。当带宽为

0时，采样点 i 的权值为1，其他各采样点的权值均趋于0；当带宽趋于无穷大时，所有采样点的权值都趋于1，权重成为单位矩阵。对于某给定的带宽，当 $d_{ij}=0$ 时，$w_{ij}=1$，权重达到最大，随着数据点离回归点距离的增加，w_{ij} 逐渐减小，当 j 点离 i 点较远时，w_{ij} 接近于0。

B bi-square 函数

为了加快回归计算速度，人们通常会把距离回归点较远，对回归参数估计没有影响的观察点排除，然后再采用近高斯函数建立空间权函数，最常采用的近高斯函数是 bi-square 函数，其函数表达式如下：

$$w_{ij}=\begin{cases}[1-(d_{ij}/b)^2]^2 & d_{ij}\leqslant b \\ 0 & d_{ij}>b\end{cases} \tag{4-58}$$

其中，在地理范围内，通过近高斯函数计算采样点权重，在带宽外的采样点权重为0，在距离为 h 附近的采样点权重接近0。

4.5.2.4　权函数带宽的确定和优化

带宽 b 的大小将直接影响模型的运行结果。带宽 b 过大回归参数估计的偏差过大，带宽 b 过小又会导致回归参数估计的方差过大，因此宽带 b 的选择是地理加权回归模型运算过程中至关重要的一个环节。

带宽 b 的选择分为固定型和调整型。固定型就是指带宽 b 是一个恒定值，固定型带宽 b 只适用于样本数据分布较为均匀的研究区。调整型带宽 b 适用于样本数据分布不均匀的研究区，带宽 b 按照一定的规则随着空间区域变动而变动，常用的规则是黄金选择法（Golden section）。黄金选择是 GWR4.0 软件里自动选择最优带宽的功能。由于带宽分为固定型和调整型，空间权函数就有多种选择（见表4-5）。

表4-5　GWR4.0空间权函数选择

函 数 名 称	函数表达式
固定型 Gauss 函数	$w_{ij}=\exp(-(d_{ij}/b)^2)$
固定型 bi-square 函数	$w_{ij}=\begin{cases}[1-(d_{ij}/b)^2]^2 & d_{ij}\leqslant b \\ 0 & d_{ij}>b\end{cases}$
调整型 Gauss 函数	$w_{ij}=\exp((-d_{ij}/b_{i(k)})^2)$
调整型 bi-square 函数	$w_{ij}=\begin{cases}[1-(d_{ij}/b_{i(k)})^2]^2 & d_{ij}\leqslant b_{i(k)} \\ 0 & d_{ij}>b_{i(k)}\end{cases}$

同样，带宽 b 选择后还需要满足一定的准则才能作为最终的最优带宽，常见的优化准则：AIC 准则、BIC（贝叶斯信息准则）和交叉验证方法（CV）。其中，AIC 准则应用比较广泛，其公式为：

$$AIC=2n\ln(\hat{\sigma})+2n\ln(2\pi)+n\left[\frac{n+tr(S)}{n-2-tr(S)}\right] \tag{4-59}$$

这里帽子矩阵 S 的迹 $tr(S)$ 是带宽 b 的函数，$\hat{\sigma}$ 是随机误差项方差的极大似然估计，即 $\hat{\sigma} = RSS/n - tr(S)$，对于同样的样本数据，使 $AIC(AIC_C)$ 值最小的地理加权回归权函数所对应带宽就是最优的带宽。黄金选择就是根据这个准备不断地迭代之后得到的最优带宽。

同样，AIC 准则也是 GWR 模型显著性检验的方法，对于拥有相同自变量的不同模型而言，$AIC(AIC_C)$ 值越小代表该模型拟合性能越好。

4.5.3 应用实例

本实例结合表 4-6 中的数据，对赣州市房价的空间分异及其影响因素进行分析，计算步骤如下：

（1）将表 4-6 中的数据进行极差值处理以消除量纲，同时减小正向指标和负向指标对模型结果的影响（表 4-7）；

（2）根据处理过后的数据，利用 stata 首先对其进行普通最小二乘法分析，得到模型的拟合度为 23.3%，效果较差（表 4-8）；

（3）在上述计算结果的基础上，利用 GWR4.0 对数据进行地理回归分析，其中，权重选择 Gauss 函数计算，最佳带宽选择 AIC 法计算，得到模型的拟合度约为 70.5%，相比普通最小二乘法有了较大的提高（表 4-9），最后利用 ArcGIS 将房价各影响因素指标的空间模式可视化（图 4-5）。

表 4-6 容积率样本点原始数据

序号	小区名称	单价/元·m^{-2}	容积率	绿化率/%	到市中心的距离/m	…	到河流的距离/m
1	嘉福·国际	11141	2.68	30.10%	3100		361
2	华润·万橡公馆	12937	2.2	33.00%	2700		1320
3	万象国际广场	9806	2.5	25.00%	2300		1070
4	巨亿城·赣南电商城	11449	2.6	24.39%	2200		683
5	中梁·华董国宾府	10750	2.2	30.00%	2700	…	1170
6	章江花园	13216	2.64	38.00%	784		208
7	华尔街铭府	11452	2.29	31.50%	863		385
8	张家围 17 号花园	10708	1.7	30.00%	1500		722
9	联发·君悦滨江	10744	3.5	35.00%	2600		92
10	春江花月	9231	2.82	31.20%	2500		93
⋮			⋮				
148	滨江·爱丁堡	10781	1.89	39.00%	1700	…	254

表4-7 样本点处理数据

序号	小区名称	单价 /元·m⁻²	容积率	绿化率 /%	到市中心的 距离/m	…	到河流的 距离/m
1	嘉福·国际	0.464	0.333	0.005	0.628		0.156
2	华润·万橡公馆	0.629	0.262	0.006	0.535		0.711
3	万象国际广场	0.341	0.306	0.004	0.442		0.566
4	巨亿城·赣南电商城	0.492	0.321	0.003	0.419		0.342
5	中梁·华董国宾府	0.428	0.262	0.005	0.535	…	0.624
6	章江花园	0.655	0.327	0.007	0.090		0.067
7	华尔街铭府	0.493	0.276	0.005	0.108		0.170
8	张家围17号花园	0.424	0.189	0.005	0.256		0.365
9	联发·君悦滨江	0.427	0.453	0.006	0.512		0
10	春江花月	0.288	0.353	0.005	0.488		0.001
⋮			…				
148	滨江·爱丁堡	0.431	0.217	0.007	0.302	…	0.094

表4-8 特征价格模型的估计结果

变量	回归系数	Std. Error	T值	Sig.	VIF
常数项	8.283	0.406	20.407	0.000	—
P-ratio	0.128	0.033	3.864	0.044	1.498
G-rate	0.098	0.021	4.626	0.010	1.291
D-CBD	−0.409	0.051	−8.017	0.001	1.157
D-market	−0.130	0.024	−5.446	0.010	1.378
D-bus	−0.098	0.022	−4.469	0.014	1.944
D-car/train	−0.009	0.028	−0.312	0.076	1.234
D-primary	−0.031	0.026	−1.190	0.089	1.121
D-middle	−0.065	0.020	−3.251	0.046	1.122
D-clinic	−0.001	0.028	−0.053	0.058	1.852

续表 4-8

变量	回归系数	Std. Error	T 值	Sig.	VIF
D-hospital	− 0.071	0.025	− 2.820	0.049	1.367
D-park	− 0.008	0.032	− 0.254	0.102	1.473
D-river	− 0.003	0.020	− 0.141	0.204	1.369
R2	R2(adj)	Std. Error	F	Sig.	Durbin-Watson
0.301	0.233	0.153	4.417	0.000	1.404

表 4-9   GWR 模型的估计结果

变量	平均值	最小值	下四分位值	中值	上四分位值	最大值
常数项	8.772	4.128	8.102	9.062	9.521	12.267
P-ratio	− 0.006	− 0.042	− 0.004	0.010	0.014	0.049
G-rate	0.043	− 0.130	− 0.077	0.052	0.124	0.320
D-CBD	− 0.085	− 0.336	− 0.141	− 0.063	− 0.016	0.092
D-market	− 0.076	− 0.537	− 0.062	− 0.047	0.012	0.140
D-bus	− 0.067	− 0.251	− 0.127	− 0.045	− 0.006	0.073
D-car/train	− 0.033	− 0.141	− 0.074	− 0.034	0.002	0.086
D-primary	− 0.016	− 0.105	− 0.052	− 0.014	0.018	0.103
D-middle	− 0.028	− 0.095	− 0.051	− 0.021	− 0.004	0.049
D-clinic	− 0.001	− 0.495	− 0.043	0.018	0.052	0.102
D-hospital	− 0.040	− 0.093	− 0.074	− 0.054	− 0.023	0.070
D-park	− 0.016	− 0.122	− 0.063	0.000	0.030	0.113
D-river	− 0.012	− 0.130	− 0.041	− 0.014	0.011	0.136

R2	R2(adj)	Std. Error	F	Sig.
0.712	0.705	0.015	4.639	0.000

传统的特征价格模型和 GWR 模型分别能够解释研究区域 23.3% 、70.5% 的住宅价格变化，对比分析发现，GWR 模型较特征价格模型的拟合度提高了 47.2% ，能够更好的揭示房地产市场的空间异质性。赣州市与部分大城市相似，其住宅价格的作用模式不同于一般的单中心城市，影响机制复杂多变。特征价格模型仅仅是对全局参数的估计且忽略了空间因素对住宅价格的影响，而 GWR 模型提供了住宅价格各影响因素指标的空间区位，不仅容许局部参数估计，还可以借助于 ArcGIS 技术将其空间模式可视化（图 4-6），这将从更深层的角度去反映住宅价格和各影响因子指标之间的复杂关系。

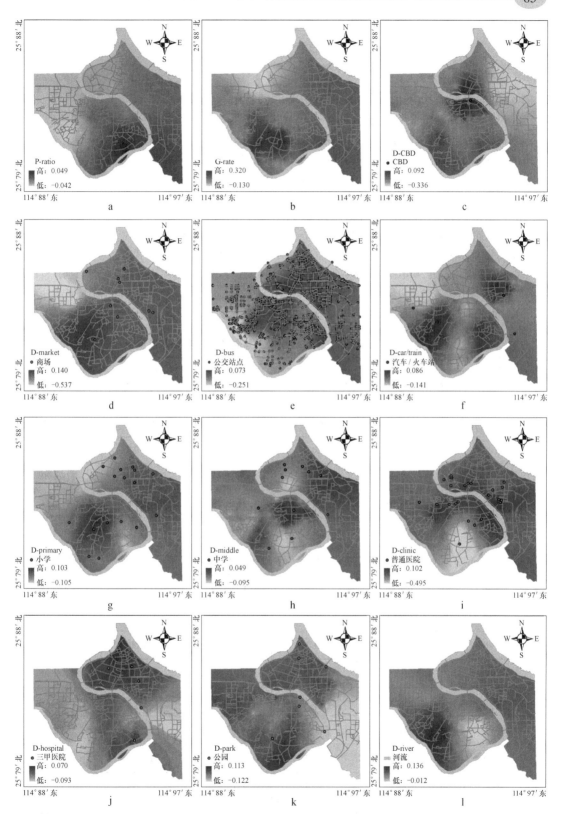

图 4-6 各影响指标边际系数的空间分布

思考与练习题

1. 什么是空间数据的统计分析？它与传统的统计分析方法有何区别？

2. 举例说明全集 Moran 指数的应用。

3. 空间权重矩阵的计算方法有哪些？每种方法的应用场景是什么？

4. 什么是区域化变量？什么是协方差函数和变异函数？三者之间的关系如何？

5. 变异函数的理论模型主要包括哪些？实际应用中一般采用何种方法确定变异函数的理论模型？

6. 空间插值方法有哪些？比较各种方法的优缺点？

7. 举例说明克里格插值方法在地理学研究中的应用。

8. 地理加权回归分析方法与一般的统计回归方法有何区别与联系？举例说明其应用。

9. 趋势面分析的基本原理是什么？除了多项式形式外，是否可以用其他函数形式拟合趋势面？为什么？

10. 表4-10 是甘肃省近30年各气象站点年均降水量和蒸发量，表中有各站点经纬度坐标数据，自己从网上找一副甘肃省矢量边界地图，将下表数据加入地图中，采用本文提供的空间插值分析方法对年降水量和蒸发量进行插值制图。

表 4-10　甘肃省近 30 年各气象站点年均降水量和蒸发量

台站	经度 X/度	纬度 Y/度	海拔/m	年降水量/mm	年蒸发量/mm
安西	95.92	40.5	1170.80	48.25	2835.57
白银	104.53	36.6	1707.20	193.72	1947.97
定西	104.63	35.5	1908.80	413.94	1538.10
古浪	102.90	37.5	2072.40	358.60	1756.79
和政	103.35	35.4	2136.40	615.04	1317.64
徽县	106.12	33.8	930.80	752.42	1167.44
会宁	105.15	35.6	2025.10	435.43	1632.93
靖远	104.67	36.6	1397.80	238.55	1594.28
酒泉	98.52	39.8	1477.20	87.85	2005.45
兰州	103.88	36.1	1517.20	316.00	1410.15
礼县	105.13	34.2	1410.00	503.73	1318.59
临洮	103.85	35.4	1886.60	554.04	1229.31
临夏	103.18	35.6	1917.00	502.07	1282.17
玛曲	102.08	34.0	3471.40	611.78	1279.50
岷县	104.17	34.4	2314.60	603.66	1159.48
秦安	105.98	34.7	1250.00	501.67	1414.59

台站	经度 X/度	纬度 Y/度	海拔/m	年降水量/mm	年蒸发量/mm
天水	105.75	34.6	1131.70	540.16	1277.33
天祝松山	103.53	37.2	2726.70	264.15	1705.98
通渭	105.40	35.1	1765.00	427.11	1295.52
通渭华家岭	104.83	35.4	2450.00	513.09	1303.09
武山	104.88	34.7	1495.00	478.21	1636.53
榆中	104.08	35.9	1873.70	395.25	1326.29
成县	105.72	33.8	970.00	650.14	1190.00
陇南台	104.92	33.4	1079.00	480.24	1816.37
马鬃山	97.03	41.8	1770.00	85.79	3071.70
肃北野马街	96.88	41.6	2159.00	144.38	2533.30
敦煌	94.68	40.2	1138.70	39.17	2476.40
玉门镇	97.04	40.3	1526.00	65.32	2847.66
梧桐沟	98.62	40.7	1591.00	71.88	3522.76
金塔	98.90	40.0	1270.20	58.57	2466.44
鼎新	99.52	40.3	1177.40	54.33	2336.38
高台	99.83	39.4	1332.20	106.33	1830.97
肃南	99.62	38.8	2311.80	257.21	1789.57
临泽	100.17	39.2	1453.70	114.53	2212.45
张掖	100.43	38.9	1482.70	127.49	2038.38
山丹	101.08	38.8	1764.60	194.90	2312.37
民乐	100.82	38.5	2271.00	331.09	1624.50
民勤	103.08	38.6	1367.00	110.57	2646.17
永昌	101.96	38.2	1976.10	194.42	1968.57
武威	102.67	37.9	1530.80	163.89	1936.77
乌鞘岭	102.87	37.2	3045.10	389.90	1546.97
环县	107.30	36.6	1255.60	541.50	1676.52
西峰	107.64	35.7	1421.90	573.03	1450.58
平凉	106.62	35.7	1346.60	521.31	1427.46
灵台	107.40	35.2	1360.00	645.21	1388.38

续表 4-10

台站	经度 X/度	纬度 Y/度	海拔/m	年降水量/mm	年蒸发量/mm
静宁	105.72	35.5	1650.00	466.28	1430.82
文县	104.66	33.0	1014.30	558.83	1024.54
宕昌	104.38	34.0	1753.20	621.02	1275.13
临潭	103.35	34.7	2810.20	515.02	1471.31
甘南	102.90	35.0	2915.70	545.72	1208.73
郎木寺	102.58	34.2	3362.70	786.75	1159.18
宁县	108.00	35.4	1221.20	584.89	1401.28
合水太白	108.63	36.1	1111.70	574.00	1440.26

5 时间序列建模

时间序列，也叫时间数列或动态数列，是要素（变量）的数据按照时间顺序变动排列而形成的一种数列，它反映了要素（变量）随时间变化的发展过程。地理过程的时间序列分析，就是通过分析地理要素（变量）随时间变化的历史过程，解释其发展变化规律，并对其未来状态进行预测。本节将结合有关实例，对常用的移动平均法、自回归法、季节性指数法、马尔可夫法等时间序列分析方法及其在地理学中的应用作一些初步的介绍。

5.1 时序分析基本原理

5.1.1 时间序列的组合成分

如果对地理系统进行长期观测，每隔一定的时间做一个记录，则记录结果可以构成时间序列。地理系统的演化过程一般包含两种成分：一是确定性成分，二是随机性成分。确定性成分具有一定的物理意义，它们又包括周期成分和非周期成分。地理系统时间序列的周期性一般与地球的公转、太阳活动和月球绕转有关，因此自然地理的许多现象，如江河的水位、生物的发育都具有一定的季节性。在绝大多数情况下，地理系统的时间序列是由多种成分复合而成的：既有确定性成分，又有随机性成分；既有一定的周期性成分，又有一定的非周期成分。这就要求我们对时间序列进行多角度考察、分析。一般说来，时间序列可以由 4 种成分所构成，分别为长期趋势（long-term trend）、季节变动（seasonal variation）、循环变动（cyclical fluctuation）和不规则变动（irregular fluctuation）。

（1）长期趋势（T）。长期趋势是时间序列随时间的变化而逐渐增加或减少的长期变化之趋势。时间序列在较长的时间内，往往会呈现出不变、递增或递减的趋向。例如，对于一个区域来说，随着经济发展，人均收入一般具有长期上升的趋势，死亡率具有长期下降的趋势。然而，并非所有时间序列都具有向上升或下降的长期趋势。长期趋势不但展示了时间序列的未来发展趋势，而且也能是其他三个组合成分的影响更明显地凸显出来，因此在分析时间序列时，通常首先将长期趋势分离出来。

（2）季节变动（S）。季节变动（一般用 S 表示），是指社会经济现象受自然条件和社会风俗等因素的影响，在一年内随季节更替而出现的周期性波动。如大多数农副产品的生产都因季节更替而存在淡季和旺季，这样农副产品为原材料的加工工业生产，商贸系统农副产品的购销和交通运输部门的货运量方面也随之出现季节变动。季节变动分析，对于时间序列预测具有重要意义。对于一个时间序列，如果季节变动能够被分离出来的话，就可以更好地为预测、规划和决策提供依据。

（3）循环变动（C）。循环变动，又称为景气循环变动（business cycle movement），是指社会经济活动以若干年为周期发生的盛衰起伏交替的波动，分为长周期、中周期和短周期三种类型。测定循环变动常用残余法，即先从时间数列中剔除长期趋势和季节变动，再消除不规则变动，其剩余结果便是循环变动。对时间数列中的循环变动加以测定，分析其形成的机制，对于加强和改善宏观调控，缓解经济周期波动的影响，保持经济的健康发展有重要的意义。比如宏观经济形势、政治环境、房地产行业以及钢铁工业的变化都有这种循环变动趋势。

（4）不规则变动（I）。不规则变动（一般用 I 表示），是指由于意外的自然或社会的偶然因素引起的无周期的波动。除了受各种变动的影响以外，还受临时的、偶然性因素或不明原因引起的非周期性非趋势性的随机变动。如地震、洪灾或一些偶然因素对社会经济所造成的影响及结果。

5.1.2　时间序列的组合模型

统计学家根据时间序列四种组合成分的不同结合方式，而提出了两种时间序列的组合模型，即所谓的加法模型与乘法模型。

（1）加法模型。加法模型假定时间序列是基于四种组成成分相加而成的。加法模型的基本假设是：各成分彼此间相互独立，无相互影响，如长期趋势并不影响季节变动。若以 Y 表示时间序列，则加法模型为：

$$Y = T + S + C + I \tag{5-1}$$

（2）乘法模型。乘法模型假定时间序列是基于四种组成成分相乘而成的。在乘法模型中，各成分之间明显地存在相互依赖的关系，即假定季节变动与循环变动为长期趋势的函数。模型方程是为：

$$Y = T \times S \times C \times I \tag{5-2}$$

如果时间序列服从加法模型，则可自序列中减去某种影响成分的变动，而求出另一种成分的变动。如果假设时间序列服从乘法模型，则可将其他成分除时间序列，而求出某种影响成分的变动。一般在时间系列分析中，采用乘法模型，其假设比加法模型更具有可靠性。

5.2　移动平均与自回归分析

5.2.1　问题的提出

事物的运动是从量的积累到质的突变。当事物处于量变阶段时/显现运动的连贯性，因此，可通过分析过去的时间序列的发展趋势，建立数学模型，预测未来事物的发展，这种方法叫做趋势预测法。是以自变量为时间，因变量为趋势值的函数的模式。常用的趋势模型有：趋势拟合方法、趋势线法、自回归分析方法等。

趋势预测法的主要优点是考虑时间序列发展趋势，使预测结果能更好地符合实际。建立趋势模型，首先必须从时间序列中提取趋势信息，再由趋势信息确立数学模型结构，进而估计模型中的参数值。分析时间序列的趋势，确立趋势模型的结构信息可通过以下途径实现：（1）分析预测目标本身的运动特性；（2）画散点图。即先作散点图，然后按照原序列的趋势走向判断预测目标趋势，选择趋势模型，并估计趋势模型的参数，建立趋势模型。

5.2.2 原理与方法

5.2.2.1 平滑法

时间序列分析的平滑法主要包括移动平均法、滑动平均法、指数平滑法。

（1）移动平均法。如果某一时间序列为 y_1，y_2，$\cdots$，y_t，则该序列在 $t+1$ 时刻的移动平均预测值为：

$$\hat{y}_{t+1} = \frac{1}{n}\sum_{j=0}^{n-1} y_{t-j} = \frac{y_t + y_{t-1} + \cdots + y_{t-n+1}}{n} = \hat{y}_t + \frac{1}{n}(y_t - y_{t-n}) \tag{5-3}$$

式中，$\hat{y}_t$ 为 t 点的移动平均值；n 为移动时距（点数）。

（2）滑动平均法。其计算公式为：

$$\hat{y}_t = \frac{1}{2l+1}(y_{t-l} + y_{t-(l-1)} + \cdots + y_{t-1} + y_t + y_{t+1} + \cdots + y_{t+l}) \tag{5-4}$$

式中，$\hat{y}_t$ 为 t 点的滑动平均值；l 为单侧平滑时距。

若 $l=1$，则称为三点滑动平均，其计算公式为

$$\hat{y}_t = (y_{t-1} + y_t + y_{t+1})/3 \tag{5-5}$$

若 $l=2$，则称为五点滑动平均，其计算公式为

$$\hat{y}_t = (y_{t-2} + y_{t-1} + y_t + y_{t+1} + y_{t+2})/5 \tag{5-6}$$

（3）指数平滑法。

指数平滑法可分为一次指数平滑和高次指数平滑两种。

1）一次指数平滑。

$$\hat{y}_{t+1} = \sum_{j=0}^{n-1} \alpha(1-\alpha)^j y_{t-j} = \alpha y_t + (1-\alpha)\hat{y}_t \tag{5-7}$$

式中，α 为平滑系数。一般时间序列较平稳，α 取值可小一些，一般取 $\alpha \in (0.05, 0.3)$；若时间序列数据起伏波动比较大，则 α 应取较大的值，一般取 $\alpha \in (0.7, 0.95)$。

2）高次指数平滑法。

一次指数平滑法不能跨期预测，改进后得到能跨期预测的高次指数平滑法。

令一次指数平滑值为 $S_t^{(1)}$，即

$$S_t^{(1)} = a \times y_t + (1-a) \times S_{t-1}^{(1)} \tag{5-8}$$

对上式再作指数平滑，得二次指数平滑值（$S_t^{(2)}$）：

$$S_t^{(2)} = a \times S_t^{(1)} + (1-a) \times S_{(t-1)}^{(2)} \tag{5-9}$$

二次指数平滑法的预测公式为

$$\hat{y}_{t+k} = a_t + b_t k \tag{5-10}$$

式中，k 代表从基期 t 到预测期的期数。

$$a_t = 2S_t^{(1)} - S_t^{(2)} \tag{5-11}$$

$$b_t = \frac{a}{1-a}(S_t^{(1)} - S_t^{(2)}) \tag{5-12}$$

对二次指数平滑再做一次指数平滑，可得三次指数平滑值（$S_t^{(3)}$）：

$$S_t^{(3)} = a \times S_t^{(2)} + (1-a) \times S_{(t-1)}^{(3)} \tag{5-13}$$

三次指数平滑法的预测公式为

$$\hat{y}_{t+k} = a_t + b_t k + c_t k^2 \tag{5-14}$$

5.2.2.2　趋势线法

时间序列数据，往往存在着某种长期趋势，分析这种长期趋势就是拟合一条适当的趋势线，用以概括地反映长期趋势的变化趋势。趋势线有直线和曲线两种，其中常见的趋势线有：

（1）直线型趋势线。

$$y_t = a + bt \tag{5-15}$$

（2）指数型趋势线。

$$y_t = ab^t \tag{5-16}$$

（3）抛物线型趋势线。

$$y_t = a + bt + ct^2 \tag{5-17}$$

5.2.2.3　自回归模型

当一个要素按时间顺序排列的观察值之间具有依赖关系或自相关性，可以建立该要素（变量）的自回归模型，自相关性是建立自回归模型的基础。

A　自相关性判断

自相关性判断是指序列前后期数值之间的相关关系，对这种相关关系程度采用自相关系数进行测定。设 y_1，y_2，$\cdots$，y_t，$\cdots$，y_n，共有 n 个观察值。把前后相邻两期的观察值一一成对，便有 $(n-1)$ 对数据，即 (y_1, y_2)，(y_2, y_3)，$\cdots$，(y_t, y_{t+1})，$\cdots$，(y_{n-1}, y_n)。其一阶自相关系数 r_1 为：

$$r_1 = \frac{\sum_{t=1}^{n-1} (y_t - \bar{y}_t)(y_{t+1} - \bar{y}_{t+1})}{\sqrt{\sum_{t=1}^{n-1} (y_t - \bar{y}_t)^2 \cdot \sum_{t=1}^{n-1} (y_{t+1} - \bar{y}_{t+1})^2}} \tag{5-18}$$

式中，$\bar{y}_t$ 和 $\bar{y}_{t+1}$ 分别表示 y_t 和 y_{t+1} 的均值，即：

$$\overline{y}_t = \frac{1}{n-1}\sum_{t=1}^{n-1}y_t\cdots\overline{y}_{t+1} = \frac{1}{n-1}\sum_{t=1}^{n-1}y_{t+1} \tag{5-19}$$

如果把时间序列中每隔一期的数据——成对排列，如 (y_1, y_3)，(y_2, y_4)，…，(y_t, y_{t+2})，…，(y_{n-2}, y_n)。其二阶自相关系数 r_2 为：

$$r_2 = \frac{\sum_{t=1}^{n-2}(y_t - \overline{y}_t)(y_{t+2} - \overline{y}_{t+2})}{\sqrt{\sum_{t=1}^{n-2}(y_t - \overline{y}_t)^2 \cdot \sum_{t=1}^{n-2}(y_{t+2} - \overline{y}_{t+2})^2}} \tag{5-20}$$

式中，$\overline{y}_t$ 和 $\overline{y}_{t+2}$ 分别表示 y_t 和 y_{t+2} 的均值，即：

$$\overline{y}_t = \frac{1}{n-2}\sum_{t=1}^{n-2}y_t\cdots\overline{y}_{t+2} = \frac{1}{n-2}\sum_{t=1}^{n-2}y_{t+2} \tag{5-21}$$

一般地，K 阶自相关系数 r_k 为

$$r_k = \frac{\sum_{t=1}^{n-k}(y_t - \overline{y}_t)(y_{t+k} - \overline{y}_{t+k})}{\sqrt{\sum_{t=1}^{n-k}(y_t - \overline{y}_k)^2 \cdot \sum_{t=1}^{n-k}(y_{t+k} - \overline{y}_{t+k})^2}} \tag{5-22}$$

式中，$\overline{y}_t$ 和 $\overline{y}_{t+k}$ 分别表示 y_t 和 y_{t+k} 的均值，即：

$$\overline{y}_t = \frac{1}{n-k}\sum_{t=1}^{n-k}y_t\cdots\overline{y}_{t+1} = \frac{1}{n-k}\sum_{t=1}^{n-k}y_{t+k} \tag{5-23}$$

B 自回归模型构建

如果判定一个时间序列具有显著的自相关性时，那么，就可以用归分析方法建立该时间序列的自回归模型。与回归模型一样，自回归预测模型也有线性和非线性之分，最常见的是线性自回归模型。常见的线性自回归模型：

一阶线性自回归预测模型为

$$y_t = \phi_0 + \phi_1 y_{t-1} + \varepsilon_t \tag{5-24}$$

二阶线性自回归预测模型为

$$y_t = \phi_0 + \phi_1 y_{t-1} + \phi_2 y_{t-2} + \varepsilon_t \tag{5-25}$$

一般地，p 阶线性自回归模型为

$$y_t = \phi_0 + \phi_1 y_{t-1} + \cdots + \phi_p y_{t-p} + \varepsilon_t \tag{5-26}$$

在以上各式中，$\phi_i(i=0, 1, 2, \cdots, p)$ 为待估计的参数值，它们可以通过最小二乘法估计获得。

5.2.3 应用实例

如表 5-1 为采用 3 点和 5 点移动平均法对 1998 年粮食产量进行预测及预测精度比较。

表 5-1　采用移动平均法对粮食产量进行预测

年份 （1）	人均粮食 产量（2）	n = 3		n = 5	
		理论预测值 （3）	误差平方 （4）	理论预测值 （5）	误差平方 （6）
1988	327.02				
89	351.47				
90	378.46				
91	392.84	352.32	1641.87		
92	360.7	374.26	183.87		
93	367	377.33	106.7	362.1	24.01
94	371.74	373.51	3.13	370.09	2.72
95	357.72	366.48	76.74	374.15	269.94
96	364.32	365.49	1.37	370	32.26
97	393.1	364.59	812.62	364.3	829.44
98		371.71		370.78	
合计			2826.3		1158.37
均方误差			403.76		231.67

　　表 5-2 为某基坑及周边道路变形监测点的其中 2 个监测点的 9 次累积变形数据，可以采用自回归模型进行相关分析。

表 5-2　某基坑及周边道路变形监测点沉降监测数据　　　　　　　　（mm）

监测	第1次	第2次	第3次	第4次	第5次	第6次	第7次	第8次	第9次
测点1	0.6	1.46	3.08	3.2	3.74	4.01	5.76	5.8	5.85
测点2	0.49	0.59	2.69	2.99	3.19	7.12	8.54	9.19	9.76

　　首先进行自相关判断，对观测点 1，构建点对为：（0.6，1.46），（1.46，3.08），（3.08，3.2），（3.2，3.74），（3.74，4.01），（4.01，5.76），（5.76，5.8），（5.8，5.85）。计算相关系数为 0.9278，同理，计算测点 2 的相关系数为 0.9298，均具有较高的自相关性。

　　在 EXCEL 中，对测点 1 和测点 2 作散点图，进行回归分析，分别如图 5-1 和图 5-2 所示。

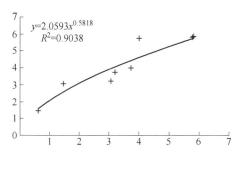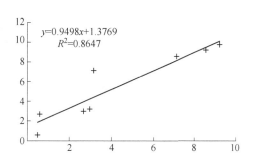

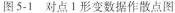

图 5-1　对点 1 形变数据作散点图　　　　图 5-2　对点 2 形变数据作散点图

5.3　季节变动预测

5.3.1　问题的提出

季节变动是指社会经济现象受自然条件和社会风俗等因素的影响，在一年内随季节更替而出现的周期性波动。如大多数农副产品的生产都因季节更替而存在淡季和旺季，这样农副产品为原材料的加工工业生产，商贸系统农副产品的购销和交通运输部门的货运量方面也随之出现季节变动。

具有季节波动特性的时间序列称为季节波动时间序列。分析这种时间序列首先需要确定季节变动的衡量指标，根据衡量指标可以分为季节指数、季节变差、季节比重等，根据指标的不同有不同的预测方法。

5.3.2　原理与方法

季节变动预测法又称季节周期法、季节指数法、季节变动趋势预测法，季节变动预测法是对包含季节波动的时间序列进行预测的方法。要研究这种预测方法，首先要研究时间序列的变动规律。季节变动的特点是有规律性的，每年重复出现，其表现为逐年同月（或季）有相同的变化方向和大致相同的变化幅度。

季节变动预测法的要点是首先需要利用已有数据在统计学的方法之上计算出预测目标的季节指数，以测定季节变动的规律性，然后，在已知季节平均值的条件下，预测未来某月或某季的预测值。常用的方法包括：

5.3.2.1　季节指数预测法

是一种以相对数表示的季节变动衡量指标，全年四个季度的季节指数之和为 400%，四个季度指数平均数为 100%，季节指数围绕 100% 上下波动，表明各级变量与全年平均数的相对关系。基本步骤如下：

（1）对原时间序列求滑动平均，以消除季节变动和不规则变动，保留长期趋势；

（2）将原序列 Y 除以其对应的趋势方程值（或平滑值），分离出季节变动（含不规则变动），即季节指数 = $TSCI$/趋势方程值(TC 或平滑值) = SI；

（3）将月度（或季度）的季节指标加总，以由计算误差导致的值去除理论加总值，得到一个校正系数并以该校正系数乘以季节性指标从而获得调整后季节性指标；

（4）求预测模型，若求下一年度的预测值，延长趋势线即可；若求各月（季）的预测值，需以趋势值乘以各月份（季度）的季节性指标。

求季节变动预测的数学模型（以直线为例）为

$$Y_{t+k} = (a_t + b_t k)\theta_k \tag{5-27}$$

式中，Y_{t+k} 是 $t+k$ 时的预测值；a_t、b_t 为方程系数；θ_k 为季节性指标。

5.3.2.2 季节变差预测法

以绝对数表示的季节变动衡量指标，它的特点是一年中各季的季节变差之和为 0，如果某季的变差大于零，则表明该季的变量高于平均数，属于旺季，反之则是淡季。

某季的季节变差 = 历年同季的季度平均值 – 整个时期季度平均值

某季的预测值 = 年度预测值/4 + 该季季节变差

5.3.2.3 季节比重预测法

它是对历年同季季节比例加以平均的结果，其特点是一年中各季的季节比重之和为 100%，平均每季季节比重为 25%，如果某季的季节比重大于 25%，则表明该季的季节比重高于平均值，属于旺季；反之则是淡季。

某季的季节比重 = 历年同季季节比率之和/年数

某季的季节比率 = （该季实际值/全年实际值）× 100%

某季预测值 = 年度预测值 × 该季季节比重

5.3.3 应用实例

以深圳市关外某镇 2002～2008 年的每月的用水量数据作为历史数据（见表 5-3），预测该镇 2009 年 1 至 4 月份用水量。

表 5-3 深圳市关外某镇 2002～2008 年的每月的用水量数据 （万吨）

年份	月 份											
	1	2	3	4	5	6	7	8	9	10	11	12
2002	18.667	27.662	18.167	21.222	21.955	19.989	27.318	24.094	24.519	24.927	22.391	22.584
2003	16.462	21.496	22.537	25.726	27.275	27.236	25.124	33.220	25.672	30.578	25.298	24.066
2004	22.822	21.208	25.916	26.004	27.508	31.260	31.779	33.391	31.992	29.241	30.423	27.043
2005	23.658	24.887	26.583	26.773	30.688	32.150	30.631	33.332	35.669	32.366	32.802	27.395
2006	19.270	27.861	31.692	27.055	33.802	31.703	30.389	39.547	31.565	30.236	31.359	26.087
2007	25.725	21.985	22.805	27.963	30.797	30.177	34.917	36.261	33.318	31.406	30.646	30.585
2008	22.916	16.710	24.795	28.510	30.119	31.326	33.176	33.675	33.464	31.358	27.891	24.601

以季节指数预测法为例解题步骤如下：

（1）求时间序列的三次滑动平均值；

（2）求季节性指标：将表中第 4 列数据分别除以第 5 列各对应元素，得到相应的季节系数。然后再把各季度的季节系数平均得到季节性指标，如表5-4 所示。

表5-4 季节性指标及其校正值

年份	季节性指标及其校正值										
2002		1.2867	0.8128	1.0379	1.0427	0.8658	1.1478	0.9519	1.0002	1.0410	0.9610	1.1029
2003	0.8157	1.0660	0.9692	1.0217	1.0198	1.0260	0.8807	1.1862	0.8608	1.1249	0.9494	1.0002
2004	1.0054	0.9096	1.0631	0.9822	0.9735	1.0357	0.9887	1.0310	1.0143	0.9571	1.0526	1.0001
2005	0.9389	0.9938	1.0192	0.9557	1.0274	1.0319	0.9561	1.0036	1.0556	0.9629	1.0631	1.0342
2006	0.7757	1.0604	1.0978	0.8770	1.0956	0.9918	0.8970	1.1689	0.9344	0.9737	1.0729	0.9409
2007	1.0458	0.9353	0.9404	1.0285	1.0388	0.9441	1.0335	1.0410	0.9898	0.9879	0.9924	1.0904
2008	0.9792	0.7782	1.0624	1.0252	1.0045	0.9932	1.0137	1.0071	1.0192	1.0147	0.9979	
季节性指标	0.9268	1.0043	0.9950	0.9897	1.0289	0.9841	0.9882	1.0557	0.9820	1.0089	1.0127	1.0281
矫正季节指标	0.9264	1.0039	0.9946	0.9893	1.0285	0.9837	0.9878	1.0552	0.9816	1.0085	1.0123	1.0277

季节性指标之和理论上应该等于12，现等于12.00448，需要进行校正。校正方法是：先求校正系数：$\theta = 12/12.00448 = 0.9996$，然后将表中第 8 行分别乘以 θ，即得到校正后的季节性指标。

（3）用二次指数平滑法，求预测模型系数：取平滑指数 $\alpha = 0.2$，分别计算一次指数平滑值和二次指数平滑值，相关系数计算公式如之前章节所述，由计算结果可知预测模型为：

$$Y_{09+k} = (28.73 - 0.11k)\theta_k \tag{5-28}$$

式中，θ_k 为校正后的指标。

（4）根据模型以2009 年为基期，分别令 k 为 1、2、3、4 可以求得 2009 年 1 至 4 月份预测用水量：

当 $k = 1$ 时，$Y_{09+1} = (28.73 - 0.11) \times 0.9264 = 26.514$

当 $k = 2$ 时，$Y_{09+2} = (28.73 - 0.11 \times 2) \times 1.0039 = 28.621$

当 $k = 3$ 时，$Y_{09+3} = (28.73 - 0.11 \times 3) \times 0.9946 = 28.247$

当 $k = 4$ 时，$Y_{09+4} = (28.73 - 0.11 \times 4) \times 0.9893 = 27.987$

则2009 年 1 至 4 月份的用水量预测值分别为 26.514 万吨、28.621 万吨、28.247 万吨、27.987 万吨。

5.4 马尔可夫预测模型

对事件的全面预测，不仅要能够指出事件发生的各种可能结果，而且还必须给出每一种结果出现的概率，说明被预测的事件在预测期内出现每一种结果的可能性程度。这就是对于事件发生的概率预测。

马尔可夫（Markov）预测法，就是一种预测事件发生的概率方法，是马尔科夫过程和马尔科夫链在社会经济预测领域的一种应用，这种方法通过对事物状态划分、研究各状态的初始概率和状态之间转移概率来预测事物未来状态变化趋势，以预测事物的未来。

5.4.1 基本概念

5.4.1.1 马尔可夫链

若时间和状态参数都是离散的马尔可夫过程，且具有无后效性，这一随机过程为马尔可夫链。无后效性可具体表述为如果把随机变量序列 $\{Y(t), t \in T\}$ 的时间参数 t_s 作为"现在"，那么 $t > t_s$ 表示"将来"，$t < t_s$ 表示"过去"，那么，系统在当前的情况 $Y(t_s)$ 已知的条件下，$Y(t)$ "将来"下一时刻所处的的情况与"过去"的情况无关，随机过程的这一特性称为无后效性。

5.4.1.2 状态及状态转移

状态是指客观事物可能出现或存在的状况。在实际根据研究的不同事物、不同的预测目的，有不同的预测状态划分。

（1）预测对象本身有明显的界限，依据状态界限划分。如机器运行情况可以分为"有故障"和"无故障"两种状态，天气有晴、阴、雨三种状态，在人口预测中，有"婴儿""少年""青年""中年""老年"等状态；

（2）研究者根据预测事物的实际情况好坏及预测目的自主划分。如：公司产量按获利多少人为的分为畅销、一般销售、滞销状态，这种划分的数量界限依产品不同而不同。

事件的发展，从一种状态转变为另一种状态，就称为状态转移。如天气变化从"晴"转变为"阴"，从"阴"转变为"晴"，从"晴"转变为"晴"等都是状态转移。指所研究的系统的状态随时间的推移而转移，及系统由某一时期所处的状态转移到另一时期所处的状态。发生这种转移的可能性用概率描述，称为状态转移概率。

5.4.2 状态转移概率矩阵及计算方法

状态转移概率指假如预测对象可能有 E_1，E_2，$\cdots$，E_n 共 n 种状态，其每次只能处于一种状态 E_i，则每一状态都具有 n 个转向（包括转向自身），即：$E_i \to E_1$、$E_i \to E_2$、$\cdots$、$E_i \to E_n$，将这种转移的可能性用概率描述，就是状态转移概率。最基本的是一步转移概率 $P(E_j \mid E_i)$，它表示某一时间状态 E_i 经过一步转移到下一时刻状态 E_j 的概率，可以简记为 P_{ij}。

系统全部一次转移概率的集合所组成的矩阵称为一步转移概率矩阵，简称状态转移概率矩阵，如式（5-29）所示。

$$P = \begin{bmatrix} p_{11} & p_{12} & p_{1j} & p_{1n} \\ p_{21} & p_{22} & p_{2j} & p_{2n} \\ p_{i1} & p_{i2} & p_{ij} & p_{in} \\ p_{n1} & p_{n2} & p_{nj} & p_{nn} \end{bmatrix} \tag{5-29}$$

式中，$p_{ij} \geq 0$，$\sum\limits_{i=1}^{n} p_{ij} = 1$。

称 P 为状态转移概率矩阵，若一步转移概率矩阵为 P，则 k 步转移矩阵为式（5-30）。

$$P^{(k)} = P^{(k-1)} \times P \tag{5-30}$$

如果 P 为概率矩阵，而且存在整数 $m > 0$，使得概率矩阵 P^m 中诸元素皆非零，则称 P 为标准概率矩阵。可以证明，如果 P 为标准概率矩阵，则存在非零向量 $\boldsymbol{\alpha} = [x_1, x_2, \cdots, x_n]$，而且 x_i 满足

$$0 \leq x_i \leq 1, \sum\limits_{i=1}^{n} x_i = 1$$

使得：

$$\boldsymbol{\alpha} P = \boldsymbol{\alpha} \tag{5-31}$$

这样的向量 $\boldsymbol{\alpha}$ 称为平衡向量，或终极向量。也就是说，标准概率矩阵一定存在平衡向量。

计算状态转移概率矩阵 P，就是求从每个状态转移到其他任何一个状态的状态转移概率 $P_{ij}(i, j = 1, 2, \cdots, n)$。为了求每一个 P_{ij}，一般采用频率近似概率的思想进行计算。

为了运用马尔可夫预测法对事件发展过程状态出现的概率进行预测，需要用到状态概率 $\pi_j(k)$。

$\pi_j(k)$ 表示事件在初始（$k = 0$）状态为已知的条件下，经过 k 次状态转移后，在第 k 个时刻处于状态 E_j 的概率。根据概率的性质，显然有：

$$\sum\limits_{j=1}^{n} \pi_j(k) = 1 \tag{5-32}$$

从初始状态开始，经过 k 次状态转移后到达状态 E_j 这一状态转移过程，可以看作是首先经过（$k-1$）次状态转移后到达状态 $E_i(i, j = 1, 2, \cdots, n)$，然后再由 E_i 经过一次状态转移到达 E_j。根据马尔可夫过程的无后效性及 Bayes 条件概率公式，有：

$$\pi_j(k) = \sum\limits_{i=1}^{n} \pi_i(k-1) P_{ij} \quad (j = 1, 2, \cdots, n) \tag{5-33}$$

若记向量 $\boldsymbol{\pi}(k) = [\pi_1(k), \pi_2(k), \cdots, \pi_n(k)]$，则由式（5-33）可以得到逐次计算状态概率的递推公式：

$$\begin{cases} \boldsymbol{\pi}(1) = \boldsymbol{\pi}(0) P \\ \boldsymbol{\pi}(2) = \boldsymbol{\pi}(1) P = \boldsymbol{\pi}(0) P^2 \\ \vdots \\ \boldsymbol{\pi}(k) = \boldsymbol{\pi}(k-1) P = \cdots = \boldsymbol{\pi}(0) P^k \end{cases} \tag{5-34}$$

式中，$\pi(0) = [\pi_1(0), \pi_2(0), \cdots, \pi_n(0)]$ 为初始状态概率向量。

5.4.3 马尔可夫预测方法

（1）第 k 个时刻的状态概率预测。如果某一事件在第 0 个时刻的初始状态已知，即 $\pi(0)$ 已知，则利用递推式（5-33），就可以求得它经过 k 次状态转移后，在第 k 个时刻处于各种可能的状态的概率，即 $\pi(k)$，从而就得到该事件在第 k 个时刻的状态概率预测。

（2）终极状态概率预测。经过无穷多次状态转移后所得到的状态概率称为终极状态概率，或称为平衡状态概率。如果终极状态概率向量为 $\pi = [\pi_1, \pi_2, \cdots, \pi_n]$，则

$$\pi_i = \lim_{k \to \infty} \pi_i(k) \quad (i = 1, 2, \cdots, n) \tag{5-35}$$

即：

$$\pi = [\lim_{k \to \infty} \pi_1(k), \lim_{k \to \infty} \pi_2(k), \cdots, \lim_{k \to \infty} \pi_n(k)] = \lim_{k \to \infty} \pi(k) \tag{5-36}$$

按照极限的定义可知：

$$\lim_{k \to \infty} \pi(k) = \lim_{k \to \infty} \pi(k+1) = \pi$$

将式（5-36）代入马尔可夫预测模型的递推式（5-34）得：

$$\lim_{k \to \infty} \pi(k+1) = \lim_{k \to \infty}(k)P \tag{5-37}$$

即：

$$\pi = \pi P \tag{5-38}$$

得到了终极状态概率应满足三个条件：

1）$\pi = \pi P$。

2）$0 \leqslant \pi_i \leqslant 1$（$i = 1, 2, \cdots, n$）。

3）$\sum_{i=1}^{n} \pi_i = 1$。

以上条件 2）与 3）是状态概率的要求，其中，条件 2）表示，在无穷多次状态转移后，事件必处在 n 个状态中的任意一个；条件 1）就是用于计算终极状态概率的公式。用终极状态概率可以预测马尔可夫过程在遥远的未来会出现什么趋势的重要信息。

马尔可夫预测法的基本要求是状态转移概率矩阵必须具有一定的稳定性，因此，必须具有足够的统计数据，才能保证预测的精度和准确性。

5.4.4 应用实例

【例 5-1】 某企业产品两年来月度销售情况如表 5-5 所示，这种产品的销售状态化为畅销（E_1）和滞销（E_2）两种（这里简称畅，滞），根据下面给出的资料利用估计一步转移概率矩阵，并预测第 25 个月、26 个月产品的销售状况。

从表 5-5 中可以知道，在 13 个从 E_1 出发（转移出去）的状态中，有 6 个是从 E_1 转移到 E_1 的（即 4→5，7→8，12→13，16→17，19→20，23→24），有 7 个是从 E_1 转移到 E_2 的（即 1→2，5→6，8→9，10→11，13→14，17→18，20→21）。

表 5-5 某企业近 2 年商品月度销售情况

月份	1	2	3	4	5	6	7	8	9	10	11	12
销售状态	畅	滞	滞	畅	畅	滞	畅	畅	滞	畅	滞	畅
月份	13	14	15	16	17	18	19	20	21	22	23	24
销售状态	畅	滞	滞	畅	畅	滞	畅	畅	滞	滞	畅	畅

所以

$$P_{11} = \boldsymbol{P}(E_1 \to E_1) = \boldsymbol{P}(E_1 \mid E_1) = \frac{6}{13} = 0.46$$

$$P_{12} = \boldsymbol{P}(E_1 \to E_2) = \boldsymbol{P}(E_2 \mid E_1) = \frac{7}{13} = 0.54$$

同理可得:

$$P_{21} = P(E_2 \to E_1) = \boldsymbol{P}(E_1 \mid E_2) = \frac{7}{10} = 0.70$$

$$P_{22} = P(E_2 \to E_2) = \boldsymbol{P}(E_2 \mid E_2) = \frac{3}{10} = 0.30$$

该产品销售情况状态转移概率矩阵为

$$\boldsymbol{P} = \begin{bmatrix} 0.46 & 0.54 \\ 0.70 & 0.30 \end{bmatrix}$$

第 25 个月产品销售情况为:$\begin{bmatrix} 1 & 0 \end{bmatrix} \times \begin{bmatrix} 0.46 & 0.54 \\ 0.70 & 0.30 \end{bmatrix} = \begin{bmatrix} 0.46 & 0.54 \end{bmatrix}$,即第 25 个月畅销概率是 0.46,滞销概率是 0.54。

第 26 个月产品销售情况为:$\begin{bmatrix} 0.46 & 0.54 \end{bmatrix} \times \begin{bmatrix} 0.46 & 0.54 \\ 0.70 & 0.30 \end{bmatrix} = \begin{bmatrix} 0.59 & 0.41 \end{bmatrix}$,即第 26 个月畅销概率是 0.59,滞销概率是 0.41。

【例 5-2】 在北京地区销售鲜牛奶主要由三个厂家提供,分别用 1,2,3 表示。去年 12 月份对 2000 名消费者进行调查,购买厂家 1、2 和 3 产品的消费者分别为 800,600 和 600。同时得到转移频率矩阵为:

$$N = \begin{bmatrix} 320 & 240 & 240 \\ 360 & 180 & 60 \\ 360 & 60 & 180 \end{bmatrix}$$

其中第一行表示,在 12 月份购买厂家 1 产品的 800 个消费者中,有 320 名消费者继续购买厂家 1 的产品。转向购买厂家 2 和 3 产品的消费者都是 240 人。N 的第二行与第三行的含义同第一行。试对三个厂家 1~7 月份的市场占有率进行预测;另外,试求均衡状态时,各厂家的市场占有率。

(1)用 800、600 和 600 分别除以 2000,得到去年 12 月份各厂家的市场占有率,即

初始分布 $p^0 = (0.4, 0.3, 0.3)$；

（2）用 800、600 和 600 分别去除矩阵 N 的第一行、第二行和第三行的各元素，得状

态转移矩阵：$P = \begin{bmatrix} 0.4 & 0.3 & 0.3 \\ 0.6 & 0.3 & 0.1 \\ 0.6 & 0.1 & 0.3 \end{bmatrix}$；

（3）按照式（5-34），第 k 月的市场占有率为：$P(k) = p^0 P^k (k = 1, 2, 3, \cdots, 7)$；

$k = 1$ 时，$P(1) = (0.4 \quad 0.3 \quad 0.3) \begin{bmatrix} 0.4 & 0.3 & 0.3 \\ 0.6 & 0.3 & 0.1 \\ 0.6 & 0.1 & 0.3 \end{bmatrix} = (0.52 \quad 0.24 \quad 0.24)$

$k = 2$ 时，$P(2) = (0.4 \quad 0.3 \quad 0.3) P^2 = (0.52 \quad 0.24 \quad 0.24) P = (0.496 \quad 0.252 \quad 0.252)$

$k = 3$ 时，$P(3) = (0.4 \quad 0.3 \quad 0.3) P^3 = (0.496 \quad 0.252 \quad 0.252) P = (0.5008 \quad 0.2496 \quad 0.2496)$

类似的可以计算 $P(4)$、$P(5)$、$P(6)$、$P(7)$。

（4）将计算结果绘制成市场占有率变动表，如表 5-6 所示。

表 5-6　市场占有率变动表

月份（i）	三个厂家的市场占有率		
	$P_1(i)$	$P_2(i)$	$P_3(i)$
1	0.52	0.24	0.24
2	0.496	0.252	0.252
3	0.5008	0.2496	0.2496
4	0.49984	0.25008	0.25008
5	0.50003	0.24998	0.24998
6	0.5	0.25	0.25
7	0.5	0.25	0.25

从表中可以看到，厂家 1 的市场占有率随时间的推移逐渐稳定在 50%，而厂家 2 和厂家 3 的市场占有率随都逐渐稳定在 25%。即随着时间的推移，三个厂家的市场占有率逐渐趋于稳定。当市场达到均衡状态时，各厂家的市场占有率分别为 50%、25% 和 25%。由表可以看出，第三个月时，市场已经基本达到均衡状态，此时，各厂家的市场占有率与均衡状态时的市场占有率的误差已不足千分之一。

5.5　时间序列的 R/S 分析

5.5.1　问题的提出

R/S 分析法，也称重标极差分析法（rescaled range analysis），是水文学家 Hurst 在大

量实证研究的基础上提出的一种方法，后经过 Mandelbrot（1972，1975），Mandelbrot、Wallis（1969），Lo（1991）等多人的努力逐步得以完善。

　　Hurst 是一位水文工作者，长期研究水库的控制问题。在实际的工作中，他发现大多数的自然现象（如水库的来水、温度、降雨、太阳黑子等）都遵循一种"有偏随机游动"，即一个趋势加上噪声。Hurst 在 20 世纪 40 年代对这种有偏随机游动进行了全面的研究，他引入了一个新的统计量：Hurst 指数，用以度量趋势的强度和噪声的水平随时间的变化情况，使用的分析方法就是 R/S 分析法。Hurst 指数对于所有的时间序列都有着广泛的用途，因为它是特别强健的，它对被研究的系统所要求的假定很少。该分析方法的基本思想来自于 Mandelbrot 提出的分数布朗运动和 TH 法则。R/S 分析法能将一个随机序列与一个非随机序列区分开来，而且通过 R/S 分析还能进行非线性系统长期记忆过程的探寻。现在 R/S 分析方法在自然科学和社会科学的许多领域都得到广泛的应用。

5.5.2　原理与方法

　　R/S 分析是一种基于长程相关思想的时间序列分析方法。R/S 分析，实际上就是重新标度的极差分析（rescaled range analysis），简称重标极差分析。

　　R/S 分析法的基本原理表述为：

$$(R/S)_n \propto n^H \tag{5-39}$$

　　R/S 分析法的操作步骤如下：

　　（1）考虑一个时间序列 $\{\xi(t)\}$，这里 $\xi(t) = B(t) - B(t-1)$，$B(t)$ 为时刻 t 的观测值（$t = 1$，2，…）。对于任意正整数 τ，定义均值序列：

$$\langle \xi \rangle_t = \frac{1}{\tau} \sum_{t=1}^{\tau} \xi(t) \tag{5-40}$$

　　（2）这里 $\tau = 1$，2，…代表时滞。用 $X_{(t)}$ 表示积累离差

$$X(t, \tau) = \sum_{t=1}^{\tau} (\xi(t) - \langle \xi \rangle_t) \tag{5-41}$$

　　（3）式中 $1 \leqslant t \leqslant \tau$。于是极差 $R(\tau)$ 定义为：

$$R(\tau) = \max_{1 \leqslant t \leqslant \tau} X(t, \tau) - \min_{1 \leqslant t \leqslant \tau} X(t, \tau) \tag{5-42}$$

　　（4）标准差 $S(\tau)$ 定义为

$$S(\tau) = \left\{ \frac{1}{\tau} \sum_{t=1}^{\tau} \left[(\xi(t) - \langle \xi \rangle_\tau) \right]^2 \right\}^{1/2} \tag{5-43}$$

　　（5）采用标准差除极差，消除量纲的影响，于是得到极差与标准差的比值

$$R(\tau)/S(\tau) \triangleq R/S \tag{5-44}$$

　　（6）增加 n 的值，重复以上步骤（1）~（5），这样就得到了一系列的 $(n, (R/S)_n)$。对式（5-39）两边取对数可得：

$$\lg(R/S) = H\lg n + a \quad （a 为常数） \tag{5-45}$$

以 $\lg n$ 为横轴，$\lg(R/S)_n$ 为纵轴作图，以最小二乘法估计得到散点的拟合直线，截距是对式（5-45）中 a 的估计，斜率表示 H 指数的值。

Hurst 指数的大小（$0 \leqslant H \leqslant 1$）表示时间序列相关性强弱，是 R/S 分析法的一个稳定有效的统计量。根据 Hurst 指数的大小，可以确定涌水量时间序列状态的持续性和分形结构，从而为矿井涌水量时序的复杂性变化提供一种有效的非线性预测方法。

（1）当 $H=0.5$ 时，涌水量序列为一种随机序列，事件是不相关且随机的。它的分布状态可能是正态的，也可能不是。

（2）当 $0 \leqslant H < 0.5$ 时，涌水量序列为反持久性序列。反持久性的强度依赖于 H 与 0 的距离有多近。因为该时间序列是由不断出现的逆转构成的，故将比随机序列表现出更强的波动性或突变性。

（3）当 $0.5 < H \leqslant 1$ 时，表示涌水量序列为一种状态持续性的序列，表现为分形时间序列，不同增量的涌水量序列具有相同的统计规律。趋势增强行为的持久性或强度依赖于 H 与 0.5 的距离，H 越接近于 0.5，其趋越不稳定，反之 H 越接近于 1，其趋越稳定。

此外，时间序列平均周期可以用式（5-46）表示。

$$V(n) = \frac{(R/S)_n}{\sqrt{n}} \tag{5-46}$$

其中，$V(n)$ 用来检验 R/S 的稳定性，同时也可以确定该时间序列是否存在周期循环并估计其周期的长度。平均循环周期表示系统通常在多长时间后完全失去对初始条件的依赖，即系统对初始条件的平均记忆长度。

对于不同状态的时间序列，$V(n)$—$\lg n$ 曲线呈现的状态也不尽相同。当 $H=0.5$ 时，$V(n)$—$\lg n$ 为平坦曲线；当 $H < 0.5$ 时，$V(n)$—$\lg n$ 曲线向下倾斜；当 $H > 0.5$ 时，$V(n)$—$\lg n$ 曲线向上倾斜。

5.5.3 应用实例

运用上述分析方法（R/S 分析法），采用某小区（2010 年 4 月 ~ 2010 年 11 月）8 个月的 9 个沉降点位（J1，J2，…，J9）观测资料进行实例分析，其结果如图 5-3 所示。从图中大体可以看出，该小区的沉降量随时间的变化趋势呈上下波动的特征，但不是杂乱无章的，这与季节或月份的周期有关，同时还与一些无规律随机因素有关。

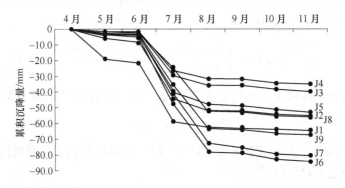

图 5-3 2010 年 4 月 ~ 2010 年 11 月间的累积沉降量随时间的变化

根据上式计算（J1，…，J9）9 个沉降观测点的 $(R/S)_n$，绘制 $\ln(R/S)$—$\ln\tau$ 曲线，进行线性拟合（见图 5-4）。

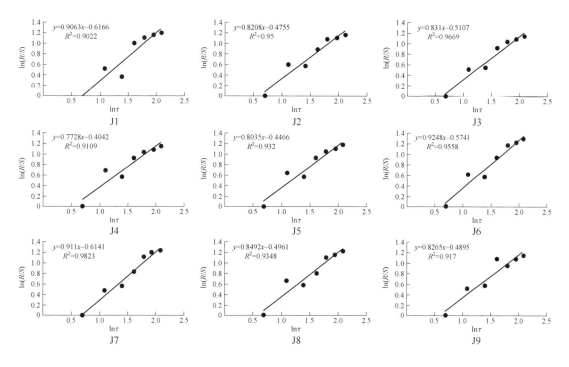

图 5-4　R/S 方法的分析结果

由图 5-4 得出表 5-7，可以看出 J1～J9 的 Hurst 指数和相关系数，J1～J9 测点 H 值位于 [0.7728，0.9248]，均大于 0.5，表明小区地势保持稳定状态。

表 5-7　R/S 分析结果汇总

监测点	H 指数	相关系数
J1	0.9063	0.9022
J2	0.8208	0.95
J3	0.831	0.9669
J4	0.7728	0.9109
J5	0.8035	0.932
J6	0.9248	0.9558
J7	0.911	0.9823
J8	0.8492	0.9348
J9	0.8265	0.917

　　根据上式计算出该小区沉降的统计量 $V(\tau)$，并绘制相应的 $V(\tau)$ —$\ln\tau$ 数据点（见图 5-5）。从图可以看出，该小区的 9 个沉降点变化趋势的 $V(\tau)$ 统计量的曲线呈现上升趋势，说明该时间序列中存在长期记忆。

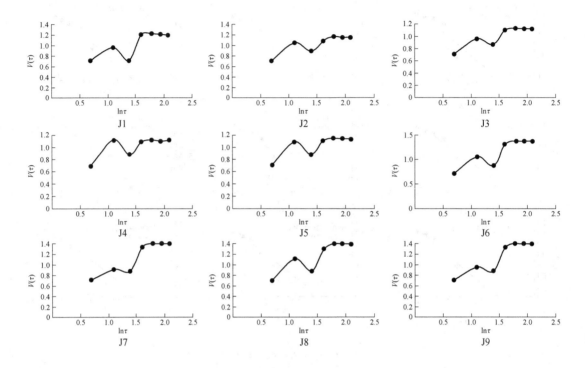

图 5-5　R/S 方法分析中的 $V(n)$ 统计量

思考与练习题

1. 时序分析的基本原理是什么？地理时间序列分析在地理学中有何重要意义？
2. 举例说明马尔可夫预测方法在地理学中的应用。
3. 马尔可夫预测时要遵循的基本原则是什么？
4. 是否所有的马尔可夫过程都存在终极状态？为什么？
5. 自回归分析的理论依据是什么？在地理学中有何应用？
6. 举例说明哪些地理现象存在季节性规律，季节变动预测中的长期趋势是否可以采用其他方法进行拟合？
7. R/S 分析的基本思想是什么？举例说明 R/S 分析方法在地理学中的应用。
8. A、B、C 三个地区生产的某种农产品，在某城市的当年市场占有率分别为 40%、30%、30%，且已经知道状态转移概率矩阵为：

$$\boldsymbol{P} = \begin{bmatrix} 0.45 & 0.35 & 0.20 \\ 0.40 & 0.40 & 0.20 \\ 0.80 & 0.10 & 0.10 \end{bmatrix}$$

试求两年后 A、B、C 三个地区农产品在某市的市场占有率及最终占有率。

9. 考虑某地区农业收成变化的三个状态，即"丰收"、"平收"和"欠收"。记 E_1 为"丰收"状态，E_2 为"平收"状态，E_3 为"欠收"状态。下表给出了该地区 1965～2004 年期间农业收成的状态变化情况。试计算该地区农业收成变化的状态转移概率矩阵，并预测今后 5 年的收成情况（见表5-8）。

表5-8　某地区农业收成变化的状态转移情况

年份	1965	1966	1967	1968	1969	1970	1971	1972	1973	1974
序号	1	2	3	4	5	6	7	8	9	10
状态	E_1	E_1	E_2	E_3	E_2	E_1	E_3	E_2	E_1	E_2
年份	1975	1976	1977	1978	1979	1980	1981	1982	1983	1984
序号	11	12	13	14	15	16	17	18	19	20
状态	E_3	E_1	E_2	E_3	E_1	E_2	E_1	E_3	E_3	E_1
年份	1985	1986	1987	1988	1989	1990	1991	1992	1993	1994
序号	21	22	23	24	25	26	27	28	29	30
状态	E_3	E_3	E_2	E_1	E_1	E_3	E_2	E_2	E_1	E_2
年份	1995	1996	1997	1998	1999	2000	2001	2002	2003	2004
序号	31	32	33	34	35	36	37	38	39	40
状态	E_1	E_3	E_2	E_1	E_1	E_2	E_2	E_3	E_1	E_2

6 灰色系统建模

灰色系统是华中科技大学邓聚龙教授于 1982 年提出的，用来解决信息不完备系统的数学方法，它把控制论的观点和方法延伸到复杂的大系统中，将自动控制与运筹学的数学方法相结合，用独树一帜的方法和手段，研究了广泛存在于客观世界中具有灰色性的问题。本章简要介绍了灰色理论的产生与发展，并将结合有关实例，对常用的灰色预测模型、灰色关联分析模型、灰色评价模型的方法原理及在地理信息科学领域的应用作一些初步的介绍。

6.1　灰色理论的产生与发展

1982 年，北荷兰出版公司出版的《系统与控制通讯》杂志刊载了我国学者邓聚龙教授的第一篇灰色系统理论论文《灰色系统的控制问题》，同年，《华中工学院学报》发表邓聚龙教授的第一篇中文论文《灰色控制系统》，这两篇论文的发表标志着灰色系统这一学科诞生。

客观世界的很多实际问题，其内部的结构、参数以及特征并未全部被人们了解，人们不可能像研究白箱问题那样将其内部机理研究清楚，只能依据某种思维逻辑与推断来构造模型。对这类部分信息已知而部分信息未知的系统，我们称之为灰色系统。灰色系统理论以"部分信息已知，部分信息未知"的"小样本""贫信息"不确定性系统为研究对象，主要通过对"部分"已知信息的生成、开发，提取有价值的信息，实现对系统运行行为、演化规律的正确描述和有效监控。

灰色系统理论是基于关联空间、光滑离散函数等概念定义灰导数与灰微分方程，进而用离散数据列建立微分方程形式的动态模型，由于这是本征灰色系统的基本模型，而模型是近似的、非唯一的，故这种模型为灰色模型，记为 GM（Grey Model），即灰色模型是利用离散随机数经过生成变为随机性被显著削弱而且较有规律的生成数，建立起的微分方程形式的模型，这样便于对其变化过程进行研究和描述。事实上，微分方程的系统描述了我们所希望辨识的系统内部的物理或化学过程的本质。

灰色系统理论首先基于对客观系统的新的认识。尽管某些系统的信息不够充分，但作为系统必然是有特定功能和有序的，只是其内在规律并未充分外露。有些随机量、无规则的干扰成分以及杂乱无章的数据列，从灰色系统的观点看，并不认为是不可捉摸的。相反地，灰色系统理论将随机量看作是在一定范围内变化的灰色量，按适当的办法将原始数据进行处理，将灰色数变换为生成数，从生成数进而得到规律性较强的生成函数。灰色系统理论的量化基础是生成数，从而突破了概率统计的局限性，使其结果不再是过去依据大量数据得到的经验性的统计规律，而是现实性的生成律。

灰色系统理论经过几十年的发展，现在已经基本建立起一门新兴学科的结构体系。其主要内容包括以灰色代数系统，灰色方程、灰色矩阵等为基础的理论体系。以灰色序列生成为基础的方法体系，以灰色关联空间为依托的分析体系。以灰色模型（GM）为核心的模型体系，以系统分析，评估，建模，预测，决策，控制，优化为主体的技术体系。目前，灰色系统理论已成功地应用于工程控制、经济管理、未来学研究、生态系统及复杂多变的农业系统中，并取得了可喜的成就。灰色系统理论有可能对社会、经济等抽象系统进行分析、建模、预测、决策和控制，它有可能成为人们认识客观系统改造客观系统的一个新型的理论工具。

6.2 灰色预测模型

灰色预测是指利用 GM 模型对系统行为特征的发展变化规律进行估计预测，同时也可以对行为特征的异常情况发生的时刻进行估计计算，以及对在特定时区内发生事件的未来时间分布情况做出研究等等。这些工作实质上是将"随机过程"当作"灰色过程"，"随机变量"当作"灰变量"，并主要以灰色系统理论中的 GM(1, 1) 模型来进行处理。

灰色预测在工业、农业、商业等经济领域，以及环境、社会和军事等领域中都有广泛的应用。特别是依据目前已有的数据对未来的发展趋势做出预测分析。

6.2.1 灰色预测方法

灰色 GM(1, 1) 模型建模的实质是对原始数据一次累加生成，使生成数据序列呈一定规律，通过建立一阶微分方程模型，求得拟合曲线，用以对系统进行预测。具体步骤为：

（1）设原始非负数据序列为：$X^{(0)} = (x^{(0)}(1), x^{(0)}(2), \cdots, x^{(0)}(n))$；对 $X^{(0)}$ 作一次累加生成 1 - AGO 序列得 $X^{(1)}$：$X^{(1)} = (x^{(1)}(1), x^{(1)}(2), \cdots, x^{(1)}(n))$。

（2）检验 $X^{(0)}$ 的光滑性 ρ 和 $X^{(1)}$ 的准指数规律 σ。

（3）作 $X^{(1)}$ 的紧邻均值生成系列：$z^{(1)} = (z^{(1)}(2), z^{(1)}(3), \cdots, z^{(1)}(n))$，其中

$$z^{(1)}(k) = \frac{1}{2}(x^{(1)}(k) + x^{(1)}(k-1)) \quad (k = 2, 3 \cdots, n) \tag{6-1}$$

（4）构造 GM（1, 1）的微分形式方程，并求微分方程系数 a、b，如式（6-2）所示。

$$\frac{dx^{(1)}}{dt} + ax^{(1)} = b \tag{6-2}$$

$$\hat{a} = [a, b]^T = (B^T B)^{-1} B^T Y \tag{6-3}$$

$$Y = \begin{bmatrix} x^{(0)}(2) \\ x^{(0)}(3) \\ \vdots \\ x^{(0)}(n) \end{bmatrix}, \quad B = \begin{bmatrix} -z^{(1)}(2) & 1 \\ -z^{(1)}(3) & 1 \\ \vdots & \vdots \\ -z^{(1)}(n) & 1 \end{bmatrix} \tag{6-4}$$

（5）将式（6-3）解出的系数 a、b 代入下式（6-5）的时间响应式，解出 $X^{(1)}$ 的模拟值。

$$\hat{x}^{(1)}(k+1) = \left(x^{(0)}(1) - \frac{b}{a}\right)e^{-ak} + \frac{b}{a} \quad (k=1,2,\cdots n) \tag{6-5}$$

（6）累减还原出 $X^{(0)}$ 的模拟值 $\hat{x}^{(0)}$ 并进行精度检验。

6.2.2　灰色预测步骤与检验

6.2.2.1　数据的检验与处理

首先，为了保证建模方法的可行性，需要对已知数据序列做必要的检验处理。设参考数据为 $X^{(0)} = (x^{(0)}(1), x^{(0)}(2), \cdots, x^{(0)}(n))$，计算数列的级比：

$$\lambda(k) = \frac{x^{(0)}(k-1)}{x^{(0)}(k)} \quad (k=2,3,\cdots,n) \tag{6-6}$$

如果所有的级比 $\lambda(k)$ 都落在可容覆盖 $\Theta = (e^{-\frac{2}{n+1}}, e^{\frac{2}{n+2}})$ 内，则级数 $X^{(0)}$ 可以作为模型 GM(1,1) 的数据进行灰色预测，否则，需要对数列 $X^{(0)}$ 作变换处理，使其落入可容覆盖内。则取适当的常数 c，作平移变换：

$$y^{(0)}(k) = x^{(0)}(k) + c \quad (k=1,2,\cdots,n) \tag{6-7}$$

则使数列 $y^{(0)} = (y^{(0)}(1), y^{(0)}(2), \cdots, y^{(0)}(n))$ 的级比满足式（6-8）。

$$\lambda_y(k) = \frac{y^{(0)}(k-1)}{y^{(0)}(k)} \in \Theta \quad (k=2,3,\cdots,n) \tag{6-8}$$

6.2.2.2　检验预测值

A　残差检验

令残差为 $\varepsilon(k)$，计算

$$\varepsilon(k) = \frac{x^{(0)}(k) - x^{(0)}(k)}{x^{(0)}(k)} \quad (k=1,2,\cdots,n) \tag{6-9}$$

这里 $\hat{x}^{(0)}(1) = x^{(0)}(1)$，如果 $\varepsilon(k) < 0.2$，则可认为达到一般要求；如果 $\varepsilon(k) < 0.1$，则认为达到较高要求。

B　级比偏差值检验

首先由参考数据 $x^{(0)}(k)$、$x^{(0)}(k-1)$ 计算出级别 $\lambda(k)$，再利用发展系数 a 求出相应的级比偏差，如式（6-10）。

$$\rho(k) = 1 - \left(\frac{1-0.5a}{1+0.5a}\right)\lambda(k) \tag{6-10}$$

如果 $\rho(k) < 0.2$，则可认为达到一般要求；如果 $\rho(k) < 0.1$，则认为达到较高的要求。

C 相关度检验

令相关度为 R，设 $x^{(0)}$ 为原始序列，$\hat{x}^{(0)}$ 为相应的模拟误差序列，其计算公式如式（6-11）所示。

$$R = \frac{1}{n-1}\sum_{i=1}^{n}\frac{\min\{|x^{(0)}(i)-\hat{x}^{(0)}(i)|\}+k*\max\{|x^{(0)}(i)-\hat{x}^{(0)}(i)|\}}{|x^{(0)}(i)-\hat{x}^{(0)}(i)|+k*\max\{|x^{(0)}(i)-\hat{x}^{(0)}(i)|\}} \quad (6\text{-}11)$$

其中，$i=1,2,\cdots,n$；$0.1\leqslant k\leqslant 1$，$k$ 为分辨系数，一般取 0.5 时，$R\geqslant 0.6$ 时有意义。

D 均方差比

设 $x^{(0)}$ 为原始序列，$\hat{x}^{(0)}$ 为相应的模拟误差序列，$\varepsilon^{(0)}$ 为残差序列，则

$$\overline{x} = \frac{1}{n}\sum_{k=1}^{n}x^{(0)}(k) \text{ 为 } X^{(0)} \text{ 的均值}$$

$$s_1^2 = \frac{1}{n}\sum_{k=1}^{n}(x^{(0)}(k)-\overline{x})^2 \text{ 为 } x^{(0)} \text{ 的方差}$$

$$\overline{\varepsilon} = \frac{1}{n}\sum_{k=1}^{n}\varepsilon(k) \text{ 为残差均值}$$

$$s_2^2 = \frac{1}{n}\sum_{k=1}^{n}(\varepsilon(k)-\overline{\varepsilon})^2 \text{ 为残差方差}$$

令 $c=\dfrac{s_2}{s_1}$ 为均方差比值；对于给定的 $c_0>0$，当 $c<c_0$ 时，称模型为均方差比合格模型。

令 $p=p(|\varepsilon(k)-\overline{\varepsilon}|<0.6745s_1)$ 为小误差概率，对于给定的 $p_0>0$，当 $p>p_0$ 时，称模型为小误差概率合格模型。

若 C 和 P 均在规定的范围内，则可认为所建立的模型精度符合要求，可以进行预测，否则，要对残差进行修正，直到精度符合要求为止。一般地，将模型的精度分为4级，分级标准及相应的 C 与 P 值见表6-1。

表6-1 后验差检验模型精度等级参照表

模型精度检验	后验差比值 C	小误差概率 P	结　果
一级	$C\leqslant 0.35$	$0.95\leqslant p$	优秀
二级	$0.35<C\leqslant 0.5$	$0.80\leqslant p<0.95$	良好
三级	$0.5<C\leqslant 0.65$	$0.70\leqslant p<0.80$	合格
四极	$0.65<C$	$p<0.70$	不合格

一个好预测模型，C 值越小越好，一般要求 $C<0.35$，最大不超过0.65。小误差概率 $P>0.95$，不得 <0.7。若有一指标在高等级区间，另一指标在低等级区间，其预测精度为低等级。

6.2.3　灰色预测模型改进

对于传统灰色微分拟合法建立的 GM(1,1) 模型存在着指数发散源，响应函数的指数系数越大，误差就越大的特点。此问题主要是拟合方法上存在缺陷，不少研究者都致力于寻找各种各样的方法对 GM(1，1) 模型进行修正。目前的主要方法包括：残差修正法、背景值平滑法、组合法、新陈代谢法、滑动平均法等。滑动平均 GM(1，1) 的建模过程与传统模型相似，不同的是它需要在输入原始数据到模型之前先对原始数据进行滑动平均处理，以去掉原始序列随机干扰的影响，增加数据列的平滑性，中间点平滑公式如式 (6-12)，两端点见式 (6-13)。

$$x'^{(0)}(i) = \frac{x^{(0)}(i-1) + 2x^{(0)}(i) + x^{(0)}(i+1)}{4} \quad (i \in (1,n)) \qquad (6-11)$$

$$\left. \begin{aligned} x'^{(0)}(1) &= \frac{3x^{(0)}(1) + x^{(0)}(2)}{4} \\ x'^{(0)}(n) &= \frac{3x^{(0)}(n) + x^{(0)}(n-1)}{4} \end{aligned} \right\} \qquad (6-12)$$

背景值修改 GM(1，1) 模型是在 GM(1，1) 模型基础上，对背景值作适当改进，事实上，背景值的选取从积分的几何意义上看，可以有不同的形式，非常灵活。如式 (6-13) 为其中一种背景值构造公式：

$$z'^{(1)}(k) = \frac{x^{(1)}(k) - x^{(1)}(k-1)}{\ln x^{(1)}(k) - \ln x^{(1)}(k-1)} \quad (k = 2,3,\cdots,n) \qquad (6-13)$$

残差 GM(1，1) 模型在传统 GM(1，1) 模型预测的基础上，将残差序列作为输入序列，进行传统 GM(1，1) 建模，得到残差时间响应式，然后将 GM(1，1) 的最终预测式和残差响应式进行叠加，即得到新模型的时间响应式，建立其模型。

新陈代谢 GM(1，1) 模型的基本思想是在模型建模时在原始数据序列中置入最新信息，同时去掉最老信息，用新组建的序列作为原始序列再重复建立 GM(1，1) 模型，这样克服了传统 GM(1，1) 建模时过度依赖旧数据的信息，而随着时间推移，旧数据意义逐步降低，使其在中长期预测中精度偏低，新陈代谢模型能显著提高中长期预测的精度。

加权构造背景值模型也是从改进背景值着手，对背景值给定了一个权值 p，构造式如式 (6-14) 所示。

$$z'^{(1)}(k) = px^{(1)}(k) + (1-p)x^{(1)}(k-1) \quad (k = 2,3,\cdots,n) \qquad (6-14)$$

加权构造背景值模型的建立思路为首先利用传统 GM(1，1) 模型求出发展系数 a，然后通过 a 求出权值 p，利用 p 重新构造背景值，然后利用新的背景值重新构造 GM1(1，1) 模型进行预测。P 的构造式如式 (6-16) 所示。

$$p = \frac{\dfrac{2-a}{2+a} - \ln\left(\dfrac{2-a}{2+a}\right) - 1}{\dfrac{-2a}{2+a}\ln\left(\dfrac{2-a}{2+a}\right)} \qquad (6-15)$$

无偏 GM(1，1) 模型首先利用传统 GM(1，1) 模型求出发展系数 a 和灰色作用量 b，然后设无偏 GM(1，1) 模型参数为 A、u，其计算式见式（6-17）。

$$\left. \begin{array}{l} A = \dfrac{2b}{2+a} \\ u = \ln\left(\dfrac{2-a}{2+a}\right) \end{array} \right\} \tag{6-16}$$

通过式（6-17）求出 A、u，构造出无偏 GM(1，1) 预测模型：

$$\hat{x}^{(1)}(k) = \begin{cases} x^{(0)}(1) & (k=1) \\ Ae^{u(k-1)} & (k=2,3,\cdots) \end{cases} \tag{6-17}$$

以上每个模型，均可以通过调节不同维数而得到多个模型，维数的最终确定取决于模型，例如，若原始数据序列有 7 维数据，即有 7 期历史数据，要根据这些数据来预测将来数据，由于灰色预测模型至少需要 4 期数据，在这里可以对其进行光滑性和准指数规律检验，从两者检验满足要求时的最大维数开始进行预测。

6.2.4　应用实例

小浪底水利枢纽位于河南省洛阳市黄河干流上，处于控制黄河下游洪水、泥沙的关键位置，是治理黄河下游的控制性骨干工程。工程开发目标以防洪、防凌、减淤为主，并兼顾供水、灌溉和发电。小浪底大坝是枢纽安全监测的重要部位，因此在建设期间除埋设了大量内部观测仪器外，还布设了 8 条视准线。由于大坝坐标系采用施工坐标系，其纵轴与大坝轴线重合，因此沿坝轴线方向（即 X 坐标）变形量较小，主变形方向为垂直于坝轴线方向（即 Y 坐标），所以只对变形点的 Y 坐标进行变形分析。以坝顶视准线上的 809、811、817 三监测点（每半月观测一次）为例进行分析。其变形量成果如表 6-2 所示。

表 6-2　坝顶视准线 809、811、817 三监测点变形量成果表

点号	时间序列观测值								
	1	2	3	4	5	6	7	8	9
809	15.2	16.3	20.6	23	33	40.3	49.2	54.1	59
811	19.8	24.6	30.8	37.1	51.1	64.1	82.6	99.6	120.8
817	21.5	22.5	30.3	34.8	48.8	61.8	82.1	101.7	122.4

表 2 数据共有 9 期，以前 6 期数据作为预测数据，利用系统提供的模型，预测后 3 期大坝变形情况，并与实际的后 3 期真实变形情况作比较，以验证模型的有效性和适应性。由于灰色预测模型维数不固定，可以 4 至多维，所以也提供了多维的模型预测。同时为了说明灰色模型及改进模型的效果，采用无偏灰色新陈代谢预测模型、传统灰色模型和无偏灰色模型三种模型进行预测，以方便对数据作对比分析。比较挑选最佳维数，其中后三期变形预测结果如表 6-3 所示。

表 6-3   模型对后三期数据预测值与实测值对比

监测点	编号	实测值/mm	最佳模型维数	传统灰色模型/mm	相对误差/%	无偏灰色模型/mm	相对误差/%	无偏新陈代谢模型/mm	相对误差/%
809 号	7	49.2	6 维	50.41	-2.46	47.92	2.61	47.92	2.61
	8	54.1		63.71	-17.76	60.63	-12.06	58.01	-7.23
	9	59.0		80.52	-36.47	73.70	-24.91	67.65	-14.67
811 号	7	82.6	6 维	81.04	1.89	81.47	1.36	81.47	1.36
	8	99.6		103.69	-4.10	103.09	-3.51	101.76	-2.16
	9	120.8		132.66	-9.82	131.07	-8.50	130.32	-7.88
817 号	7	82.1	5 维	78.70	4.14	79.40	3.29	79.40	3.29
	8	101.7		101.39	0.30	102.43	-0.71	101.46	-0.23
	9	122.4		130.62	-6.72	129.13	-5.50	128.25	-4.78

分别对三种模型的最优维数预测结果进行精度检验，检验结果如表 6-4 所示。

表 6-4   最优维数模型预测结果精度检验

监测点	最佳模型维数	传统灰色模型			无偏灰色模型			无偏新陈代谢模型		
		平均相对误差/%	后验差比值	小误差概率	平均相对误差/%	后验差比值	小误差概率	平均相对误差/%	后验差比值	小误差概率
809 号	6 维	8.76	0.07	1	8.26	0.11	1	7.62	0.09	1
811 号	6 维	3.35	0.04	1	3.15	0.04	1	2.54	0.03	1
817 号	5 维	3.32	0.05	1	3.28	0.06	1	3.15	0.05	1

由表 6-4 可知，三种模型平均相对误差均在 10% 之内，具有较好的拟合精度，参照表 6-1，后验差检验三种模型精度均为优秀，都具有较好的预测效果，但无偏新陈代谢模型平均相对误差要优于其他两种模型。由表 6-4 可知，无偏灰色模型拟合精度较传统灰色预测模型有较大提高，其适应性进一步增强，无偏新陈代谢模型在无偏灰色模型基础上，中长期预测能力得到提高，如 809 号监测点平均相对误差由 36.47% 提高到 14.67%。

6.3   灰色关联分析

6.3.1   问题的提出

灰色关联分析是灰色系统理论中十分活跃的一个分支，其基本思想是根据序列曲线几何形状来判断不同序列之间的联系是否紧密，基本思路是通过线性插值的方法将系统因素的离散行为观测值转化为分段连续的折线，进而根据折线的几何特征构造测度关联程度的模型。通常可以运用此方法来分析各个因素对于结果的影响程度，也可以运用此方法解决随时间变化的综合评价类问题，其核心是按照一定规则确立随时间变化的母序列，把各个评估对象随时间的变化作为子序列，求各个子序列与母序列的相关程度，依照相关性大小得出结论。

基于"贫信息"的灰色系统理论弥补了采用计量统计方法作系统分析的不足，它能适用于只有少量观测数据的项目。其研究对象正是"部分信息已知，部分信息未知"的不确定性系统。通过判断样本序列几何曲线的相似程度进而推断样本间联系是否紧密是灰色关联分析的根本所在，其反映的是各评价对象对理想对象的接近次序。这种直观的方法最大的特点是对样本数据的多少及其分布情况没有要求，因此不会出现计量或统计分析中常常要考虑的定性与定量分析不符的情况。

6.3.2 模型构建方法

灰色关联分析首先要制定参考的母因素时间数列，参考数据列常记为 x_0，一般表示为：

$$X_0 = \{x_0(1), x_0(2), \cdots, x_0(n)\}$$

关联分析中的被比较数列又称子因素时间数列，常记为 x_i，一般表示为：

$$X_i = \{x_i(1), x_i(2), \cdots, x_i(n)\} \quad (i = 1, 2, \cdots, n)$$

对于一个参考数据列 X_0，比较数据列 X_i，比较曲线与参考曲线在各点的差为：

$$\xi_i(k) = \frac{\min\limits_{i}\min\limits_{k}|x_0(k) - x_i(k)| + \zeta \max\limits_{i}\max\limits_{k}|x_0(k) - x_i(k)|}{|x_0(k) - x_i(k)| + \zeta \max\limits_{i}\max\limits_{k}|x_0(k) - x_i(k)|} \tag{6-18}$$

式中，$\xi_i(k)$ 表示数据序列 X_0 和 X_i 在第 k 个时刻的关联系数；ζ 为分辨系数，用于减少极值对计算的影响，在 $[0, 1]$ 中取值，在实际应用中一般取 $\zeta \leqslant 0.5$。

由于关联系数列中数据较多，信息过于分散，比较不便，利用关联系数列的平均值表示关联大小，求这个平均值就是灰色加权关联度，计算公式如式（6-19）所示。

$$R_{ij} = \sum_{i=1}^{n} w_j \times \xi_i(k) \tag{6-19}$$

在上述关联系数的基础上，引入灰色绝对关联度、灰色相对关联度以及灰色综合关联度的相关概念和计算方法。

（1）灰色绝对关联度

设 X_0 与 X_i 的长度相同，即：

$$X_0^0 = (x_0^0(1), x_0^0(2), x_0^0(3), \cdots, x_0^0(n)) \tag{6-20}$$

$$X_i^0 = (x_i^0(1), x_i^0(2), x_i^0(3), \cdots, x_i^0(n)) \tag{6-21}$$

分别为 X_0 与 X_i 的始点零化像，则：

$$|s_0| = \left| \sum_{k=2}^{n-1} x_0^0(k) + \frac{1}{2} x_0^0(n) \right| \tag{6-22}$$

$$|s_i| = \left| \sum_{k=2}^{n-1} x_i^0(k) + \frac{1}{2} x_i^0(n) \right| \qquad (6\text{-}23)$$

$$|s_i - s_0| = \left| \sum_{k=2}^{n-1} (x_i^0(k) - x_0^0(k) + \frac{1}{2}(x_i^0(n) - x_0^0(n))) \right| \qquad (6\text{-}24)$$

则灰色绝对关联度为

$$\varepsilon_{0i} = \frac{1 + |s_0| + |s_i|}{1 + |s_0| + |s_i| + |s_i - s_0|} \qquad (6\text{-}25)$$

（2）灰色相对关联度。现有两个长度相同的序列 X_0 与 X_i（初值均不为零），序列 X_0 和 X_i 经初值化处理后得到序列 X_0' 和 X_i'，这时称 X_0 与 X_i 的灰色相对关联度为 X_0' 和 X_i' 的灰色绝对关联度，记为 r_{0i}，计算公式同上。

r_{0i} 表示时间序列 X_0 与 X_i 的变化速率相对于始点的联系。与 ε_{0i} 相比，r_{0i} 消除了初始值对时间序列 X_0 对 X_i 的影响，若数值 r_{0i} 越大，则表示 X_0 与 X_i 的变化速率接近程度越大。

（3）灰色综合关联度。两个长度相同的序列 X_0 与 X_i（初值均不为零），ε_{0i} 为时间序列 X_0 与 X_i 的灰色绝对关联度，r_{0i} 为时间序列 X_0 与 X_i 的灰色相对关联度，$\theta \in (0,1)$，则灰色综合关联度为：

$$\rho_{0i} = \theta \varepsilon_{0i} + (1 - \theta) r_{0i} \qquad (6\text{-}26)$$

ρ_{0i} 通过反映序列 X_0 与 X_i 上各点相对于始点变化速率的接近程度进而表征两条序列曲线的接近程度。

6.3.3   应用实例

某商业网点选址有三个待选点，考虑交通条件、竞争环境、地形特点、区域人口状况、用地成本 5 个要素，通过专家打分法获得各个要素权重及每个待选点对应要素的评分，如表 6-5 所示。采用灰色关联分析挑选待选点，实质就是计算每个待选点与理论最优方案的灰色关联度。

表 6-5   某商业网点选址备选点数据值及权重

评价指标	权重	待选点一	待选点二	待选点三
交通条件	0.33	0.94	0.87	0.84
竞争环境	0.16	0.75	0.72	0.85
地形特点	0.12	0.69	0.73	0.78
区域人口状况	0.24	0.88	0.89	0.93
用地成本	0.15	8000/m²	6000/m²	5000/m²

由表 6-5，得到评价指标矩阵 F 和最优方案 U 为：

$$F = \begin{bmatrix} 0.94 & 0.75 & 0.69 & 0.88 & 8000 \\ 0.87 & 0.72 & 0.73 & 0.89 & 6000 \\ 0.84 & 0.85 & 0.78 & 0.93 & 5000 \end{bmatrix}, U = (0.94, 0.85, 0.78, 0.93, 5000)$$

对于交通条件、竞争环境、地形特点、人口状况，取得越大表示条件越优越，而对于用地成本，则是越便宜越好，故最优方案即是待选点中单项指标最优构成的向量。对 F 矩阵进行规范化，方法是用 F 矩阵中的每个指标和相应指标的最优方案相比较，得到规范化矩阵 F'，对 F' 中的值减去 1 取绝对值，得到 F' 的残差矩阵 F''，即：

$$F' = \begin{bmatrix} 1.000 & 0.882 & 0.885 & 0.946 & 0.625 \\ 0.926 & 0.847 & 0.936 & 0.957 & 0.833 \\ 0.894 & 1.000 & 1.000 & 1.000 & 1.000 \end{bmatrix}$$

$$F'' = \begin{bmatrix} 0 & 0.118 & 0.115 & 0.054 & 0.375 \\ 0.074 & 0.153 & 0.064 & 0.043 & 0.167 \\ 0.106 & 0 & 0 & 0 & 0 \end{bmatrix}$$

取灰色关联度计算的分解系数为 0.5，用 F'' 中每列最大值与分解系数相乘，得到一个值，然后用该值除以矩阵 F'' 中对应位置值和该值之和，即得该指标的灰色关联度系数，最终得到灰色关联度矩阵 R 为和关联度系数向量 r' 为：

$$R = \begin{bmatrix} 1 & 0.393 & 0.333 & 0.333 & 0.333 \\ 0.417 & 0.333 & 0.473 & 0.386 & 0.529 \\ 0.333 & 1 & 1 & 1 & 1 \end{bmatrix}, r' = R * w = (0.56, 0.42, 0.78)^{\mathrm{T}}$$

显然，0.78 最大，即表示待选点三与理想的最优选址方案之间的关联度最大，因此待选点三为最佳商业网点选址。

6.4 灰色评价模型

6.4.1 问题的提出

现阶段，综合评判依据渗透到社会的各个领域，评价方法也日趋复杂化、数学化、多学科化，使之成为一种边缘化多学科技术，但往往由于评价对象的多层次化和复杂化以及人们对事物的认识信息不足，使得评价结果与实际出现偏差。鉴于此，针对多层次体系结构，提出了灰色多层次综合评价方法。

首先按照不同的灰类对评价指标进行分类，然后建立属于各灰类的权函数，用定量的方法为某一评价对象隶属于某个灰类的程度进行赋值。对具有多层次评价指标的体系，在子系统评价的基础上再对上一层次加权综合，以反映系统的整体状况。也就是运用灰色理论将评价专家的分散信息处理成一个描述不同灰类程度的权向量，在此基础上，再对其进行单值化处理，便可得到科研项目的综合评价值，进而可进行项目间的排序选优。采用层次灰色方法有助于提高评价的科学性和精确性。

灰色评价模型是一种以灰色关联分析理论为指导，基于专家评判的综合性评估方法，是一种定性分析和定量分析相结合的综合评价方法，这种方法可以较好的解决评价指标难以准确量化和统计的问题，可以排除人为因素带来的影响，使评价结果更加客观准确。数据不必进行归一化处理，可以利用原始数据进行直接计算，可靠性强。评价指标体系可以根据具体情况增减，无需大量样本，只需有代表性的少量样本即可。

6.4.2 模型构建方法

首先将各评价指标分为不同的灰类型，然后建立隶属于各灰类型的权函数，以定量地描述某一评价对象隶属于某个灰类的程度。对具有多层次评价指标的体系，可在子系统评价的基础上再对上一层次加权综合，以反映系统的整体状况。具体评价过程如下：

（1）确定评价指标集及指标权重。根据层次分析法原理，图6-1是一个由多个评价目标按属性不同分组，每组作为一个层次，按目标层（U），准则层（$A_i, i = 1, 2, \cdots, n$）和指标层（A_{ik}）。

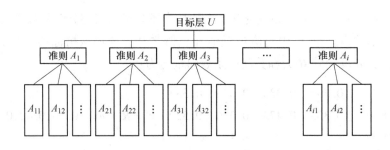

图6-1　评价指标体系

采用层次分析法确定权重。在图6-1中，要确定 i 个二级指标层指标和 1 个一级准则层指标权重。其方法为：每个要素指标分别与其他要素指标两两比较，若两要素同样重要，取值为1，一要素比另一要素稍微重要，取值为3，明显重要，取值为5，很重要，取值为7，绝对重要，取值为9，介于两者之间，分别取值为2、4、6、8。反之，取其倒数。得到判断矩阵，将判断矩阵每一列正规化，得到新的矩阵，将新矩阵按行加总并正规化，得到向量即为每个元素对应的权重。最终确定各指标权重为：

第一层指标权重集：$\qquad A = \{A_1, A_2, \cdots, A_i\}$ （6-27）

第二层权重集：$\qquad A_i = \{A_{i1}, A_{i2}, \cdots, A_{ik}\}$ （6-28）

（2）确定评价指标的评价标准。将评价指标的评价等级划分为优、良、中、差四个等级，对应值分别取4分、3分、2分、1分，指标等级介于两相邻等级之间，相应评分值为3.5分、2.5分和1.5分。

（3）组织专家打分并建立评价矩阵。组织专家根据指标值并结合专业经验对各评价指标按评价等级进行打分，并填写专家评分表。设共有 m 个专家，每个专家序号为 k，$k = 1, 2, \cdots, m$。即根据第 n 个评价者对某指标 A_{ij} 给出的评分 d_{ijm}，得到评价矩阵。

（4）确定评价灰类。确定评价灰类就是要确定评价灰类的等级数、灰类的灰数及灰类的白化权函数，一般情况下视实际评价问题分析确定。分析上述评价指标的评分等级决定采用 4 个评价灰类，灰类序号为 e，$e = 1, 2, 3, 4$，分别表示优、良、中、差。其相应的灰数及白化权函数如下：

第一灰类（$e=1$）为"优"，设定灰数$\otimes_1 \in [4, \infty]$，白化权函数$f_1$表达式为：

$$f_1(d_{ijm}) = \begin{cases} d_{ijm}/4, d_{ijm} \in [0,4] \\ 1, d_{ijm} \in [4, \infty] \\ 0, d_{ijm} \notin [0, \infty] \end{cases} \qquad (6-29)$$

第二灰类（$e=2$）为"良"，设定灰数$\otimes_2 \in [0, 3, 6]$，白化权函数f_2表达式为：

$$f_2(d_{ijm}) = \begin{cases} d_{ijm}/3, d_{ijm} \in [0,3] \\ (6-d_{ijm})/3, d_{ijm} \in [3,6] \\ 0, d_{ijm} \notin [0,6] \end{cases} \qquad (6-30)$$

第三灰类（$e=3$）为"中"，设定灰数$\otimes_3 \in [0, 2, 4]$，白化权函数f_3表达式为：

$$f_3(d_{ijm}) = \begin{cases} d_{ijm}/2, d_{ijm} \in [0,2] \\ (4-d_{ijm})/2, d_{ijm} \in [2,4] \\ 0, d_{ijm} \notin [0,4] \end{cases} \qquad (6-31)$$

第四灰类（$e=4$）为"差"，设定灰数$\otimes_4 \in [0, 1, 2]$，白化权函数f_4表达式为：

$$f_4(d_{ijm}) = \begin{cases} 1, d_{ijm} \in [0,1] \\ 2-d_{ijm}, d_{ijm} \in [1,2] \\ 0, d_{ijm} \notin [0,2] \end{cases} \qquad (6-32)$$

（5）计算灰色评价系数。对指标A_{ij}主张为第e个灰类的灰色评价权，记为a_{ije}，A_{ij}为各指标灰类的总灰色评价权，记作a_{ijo}，则：

$$a_{ije} = \sum_{m=1}^{p} f_e(d_{ijm}), a_{ij} = \sum_{e=1}^{4} a_{ije} \qquad (6-33)$$

（6）评价者就指标A_{ij}，主张为第e个灰类的灰色评价权，记为r_{ije}，则有$r_{ije} = a_{ije}/a_{ij}$；评价灰类共有四个，则指标A_{ij}对各灰色评价权向量为：

$$r_{ij} = (r_{ij1}, r_{ij2}, r_{ij3}, r_{ij4}) \qquad (6-34)$$

综合A_i所属指标A_{ij}，对于评价灰类的灰色评价权向量，得到受评者对指标U_i的灰色评价权矩阵R_i：

$$R_i = \begin{bmatrix} r_{i1} \\ r_{i2} \\ \vdots \\ r_{ik_1} \end{bmatrix} = \begin{bmatrix} r_{i11} & r_{i12} & r_{i13} & r_{i14} \\ r_{i21} & r_{i22} & r_{i23} & r_{i24} \\ \cdots & \cdots & \cdots & \cdots \\ r_{ik_11} & r_{ik_12} & r_{ik_13} & r_{ik_14} \end{bmatrix} \qquad (6-35)$$

（7）对A_i作一级综合评价，令对指标U_i的综合评价结果为B_i，则：

$$B_i = A_i \cdot R_i = (b_{i1}, b_{i2}, b_{i3}, b_{i4}) \qquad (6-36)$$

（8）对U进行二级综合评价。由A_i综合评价结果B_i，得U所属指标A_i对各指标灰类的灰色评价权矩阵：

$$R = \begin{bmatrix} B_1 \\ B_2 \\ B_3 \\ \vdots \\ B_i \end{bmatrix} = \begin{bmatrix} b_{11} & b_{12} & b_{13} & b_{14} \\ b_{21} & b_{22} & b_{23} & b_{24} \\ b_{31} & b_{32} & b_{33} & b_{34} \\ \vdots & \vdots & \vdots & \vdots \\ b_{i1} & b_{i2} & b_{i3} & b_{i4} \end{bmatrix} \qquad (6\text{-}37)$$

于是，对项目的综合评价结果 B 为：

$$B = A \cdot R = (b_1, b_2, b_3, b_4) \qquad (6\text{-}38)$$

（9）计算综合评价值。若按取最大值原则确定所属灰类等级，有时会丢失信息太多而失效，尤其是 B 不能直接用于被评指标间的排序选优。故应使 B 单值化，计算被评指标的综合评价值 W。根据综合评价结果 B，可先求出综合评价值 $W = B \cdot C^T$，其中：C 为各灰类等级按"灰水平"赋值形成的向量，设 $C = (4，3，2，1)$。然后根据综合评价值 W，参考灰类等级对待选点进行综合评价并以图表方式表示和保存。

6.4.3　应用实例

以赣州市城市基础信息数据作为测试数据，利用灰色评价模型为基础，开发了赣州市超市选址系统，对赣州市某综合性超市的选址位置进行分析，构建的超市选址指标体系如图 6-2 所示。

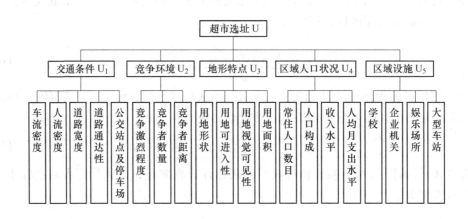

图 6-2　超市选址指标体系

利用该系统，对赣州一综合性大型超市进行选址分析，如图 6-3 所示。最终确定了 5 个待选位置，利用评价模型，最终得到评价结果如图 6-4 所示。

在图 6-4 中，待选点 1 位于三康庙附近（3.0 分），待选点 2 位于二康庙附近（2.9 分），待选点 3 位于黄金广场附近（2.7 分），待选点 4 位于南门口附近（2.6 分），待选点 5 位于公交公司附近（2.7 分）。从图中可以看出，在三康庙附近取点最优，这与实际情况比较符合。三康庙由于紧临江西理工大学主校区，该校有接近 2 万名师生，具有一定

图6-3　专家评分界面

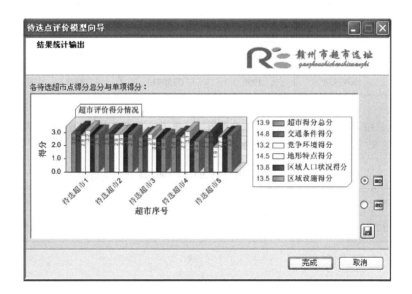

图6-4　选址结果示意图

消费能力。同时，三康庙附近又有许多新建居民小区，从而使得在该选址点开办综合性超市具有最佳的区域人口状况。二康庙也紧邻江西理工大学主校区，但由于其道路通达性不好，道路宽度相对过窄，所以总得分不如待选点1。待选点3虽地处新开发区附近，但该点现在人流量还不足。待选点4位于南门口附近，该点人流密集，但竞争激烈程度非常大，故不是最佳超市候选点。待选点5附近公交公司虽道路达性高，地形相对较好，但地理位置偏向郊区，人口密度不够稠密，故也不是最优候选点。

思考与练习题

1. 灰色理论主要用来解决哪类问题？有何自身优势和局限性？

2. 举例说明灰色预测模型在地理学中的应用。

3. 灰色关联分析和灰色评价模型都可以用来进行商业网点选址分析，各个模型的特点和优势是什么？

4. 灰色预测模型主要用来对等时距数据进行预测，而实际工程应用中，如变形监测，其采集的数据不是等时距的，针对类似问题如何使用灰色预测模型？

5. 下面是武汉市户籍人口的时间序列（1985～2002 年），建立自回归模型，并利用模型进行人口预测，利用 1996～2002 年人口数据，利用灰色模型进行人口预测，并比较自回归模型与灰色模型的预测精度（见表6-6）。

表6-6　武汉市户籍人口的时间序列（1985～2002 年）

年份	人口	年份	人口	年份	人口
1985	6083925	1991	6770312	1997	7239017
1986	6199553	1992	6844645	1998	7317907
1987	6293398	1993	6916923	1999	7401993
1988	6417236	1994	7000050	2000	7491943
1989	6532563	1995	7100100	2001	7582259
1990	6697458	1996	7159414	2002	7680958

6. 选取中国高速公路 2000～2007 年死亡人数这项指标（见表6-7）。利用灰色模型对其进行模拟和预测（数据来源于论文《高速公路交通事故的灰色预测模型》）。

表6-7　中国高速公路 2000～2007 年死亡人数

年份	2000	2001	2002	2003	2004	2005	2006	2007
人数	2162	3147	3927	5269	6235	6407	6647	6030

7 模糊数学建模

1965 年，美国控制论专家扎德 Zade 教授提出用"隶属函数"来描述现象差异的中间过渡，从而突破了经典集合论中属于或不属于的绝对关系，标志着模糊数学的诞生。作为一门新兴学科，模糊数学已初步应用于模糊控制、模糊识别、模糊聚类分析、模糊决策、模糊评判、系统理论等各个方面。本章简要回顾了模糊理论的产生与发展，并将结合有关实例，介绍和讨论模糊结合与模糊运算、隶属度函数和贴近度、模糊聚类、模糊评判的基本原理及其在地理信息科学中的应用。

7.1 模糊理论的产生与发展

传统的信息处理方法建立在概率假设和二态假设（Probality Assumption&Binary—State Assumption）的基础上。概率假设使传统的数学应用范围从确定性现象扩展到随机现象，二态假设对应了人类的精确思维方式。但自然界客观存在的事物除了可以精确表示之外，还存在着大量的模糊现象，如"年轻人""高个子"等，究竟多大年龄之间算"年轻"，多高个子为"高个子"，这是人们观念中的模糊的概念，模糊（Fuzzy）概念由此产生。模糊性也就是生活中的不确定性。实际上客观事物的不确定性除了随机性外，模糊性也是一种不确定性。所谓模糊性是指事物的性质或类属的不分明性，其根源是事物之间存在过渡性的事物或状态，使它们之间没有明确的分界线。

十九世纪晚期，德国数学家 Cantor 系统地研究了集合理论，创立了崭新的集合论，此后，许多数学家对集合论进行了深入研究，从而产生了许多新的理论基础分支体系，如微积分、概率论、抽象代数、拓扑学等。Cantor 对集合的定义是描述性的，他认为一个性质决定一个集合，所有满足该性质的个体称为该集合的元素。但是，在现实生活中，并不是所有的个体都可以用属于或不属于某个集合来划分，有很多个体，它们的性质可能具有不确定因素，正是为了解决这些不确定的、模糊的问题，1965 年，美国加利福尼亚大学柏克莱分校的控制论专家查德教授（Zadeh）在《信息与控制》（Information and Control）杂志上发表了关于模糊集的开创性论文"模糊集合"（Fuzzy Sets），他在研究人类思维、判断过程的建模中，提出了用模糊集作为定量化的手段。从此，模糊数学宣告诞生。

模糊集合是客观存在的模糊概念的必然反映。模糊概念就是边界不清晰，外延不确定的概念。以模糊集合代替原来的经典集合，把经典数学模糊化，便产生了以模糊集合为基础的模糊数学。模糊数学的出现，使人们对现象的非确定性的理解有了拓广与深化。模糊数学是研究模糊现象及其概念的新的数学分支学科。"模糊性"应理解为一种被定义了的概念，即客观事物处于共维条件下的差异在中介过渡阶段所呈现的亦此亦彼性。我国的学者陈守煌教授在创建模糊水文学过程中指出："事物或现象从差异的一方到差异的另一方，中间经历了一个从量变到质变的连续过程，这是差异的中间过渡性，由中间过渡性而产生划分上的非确定性就是模糊性"。

7.2 模型集合与模糊运算

7.2.1 模糊集合

经典集合的"内涵"和"外延"都必须是明确的，所以对于论域中的任何元素，或者属于某一集合，或者不属于该集合，两者必居且仅居其一。然而在现实世界中，有许多概念并无明确的外延。例如，"阴天""成绩突出""胡须很长"等都是模糊的概念。经典集合论对于这类概念就显得无能为力，因为模糊概念难以简单地用"属于"或"不属于"来描述，而只能通过属的程度来刻画。进一步说，论域中的元素符合某一概念的程度不能仅仅用或表示，而需要借助于介于 0 和 1 间的实数表示。

模糊集合的基本思想是把普通集合中的特征函数灵活化，使元素对集合的隶属度从只能取 {0，1} 中的值扩充到可以取 [0，1] 上的任一数值。

设给定论域 U，U 到 [0，1] 闭区间的任一映射 μ_A

$$\mu_A : U \rightarrow [0,1] \quad u \rightarrow \mu_A(u)$$

确定 U 的一个模糊子集 A，μ_A 称为模糊子集的隶属函数，$\mu_A(u)$ 称为 u 对于 A 的隶属度。隶属度也可记为 $A(u)$。在不混淆的情况下，模糊子集也称为模糊集合。

上述定义表明，论域 U 上的模糊子集 A 由隶属函数 $\mu_A(u)$ 来表征，$\mu_A(u)$ 取值范围为区间 [0，1]，$\mu_A(u)$ 大小反映了 u 对于模糊子集的从属程度。$\mu_A(u)$ 的值越接近于 1，表示 u 从属于 A 的程度越高；$\mu_A(u)$ 的值接近于 0，表示 u 从属于 A 的程度越低。可见，模糊子集完全由隶属函数来描述。

当 $\mu_A(u)$ 的值域等于 {0，1} 时，$\mu_A(u)$ 退化成一个经典子集的特征函数。模糊子集 A 便退化成一个经典子集。由此不难看出，经典集合是模糊集合的特殊状态，模糊集合是经典集合概念推广。

模糊集合的表达方式有以下几种：

当 U 为有限集 $\{u_1，u_2，\cdots，u_n\}$ 时，通常有如下三种方式：

(1) Zadeh 表示法。

$$A = \frac{A(u_1)}{u_1} + \frac{A(u_2)}{u_2} + \cdots + \frac{A(u_n)}{u_n} \tag{7-1}$$

式中，$\dfrac{A(u_i)}{u_i}$ 并不表示"分数"，而是表示论域中的元素 u_i 与其隶属度 $A(u_i)$ 之间的对应关系。"+"也不表示"求和"，而是表示模糊集合在论域 U 上的整体。且当某元素的隶属度为零时，可忽略不写。

（2）序偶表示法。

$$A = \{(A(u_1), u_1), (A(u_2), u_2), \cdots, (A(u_n), u_n)\} \tag{7-2}$$

这种表示法是由普通集合的列举法演变过来的，它由元素和它的隶属度组成有序对（前者是隶属度，后者是元素）一一列出。

（3）向量表示法。

$$A = (A(u_1), A(u_2), \cdots A(u_n)) \tag{7-3}$$

这种表示方法是借助于 n 的维数组来实现的，即当论域 U 中的元素先后次序排定时，按此顺序记载各元素的隶属度（此时隶属度为 0 的项不能舍弃），这时 A 也称为模糊向量。

（4）Zadeh 与向量式的结合表示法。

$$A = \left(\frac{A(u_1)}{u_1}, \frac{A(u_2)}{u_2}, \cdots, \frac{A(u_n)}{u_n} \right) \tag{7-4}$$

当 U 是有限连续域时，Zadeh 给出如下记法

$$A = \int_u \frac{\mu_A(u)}{u} \tag{7-5}$$

同样，$\frac{\mu_A(u)}{u}$ 并不表示"分数"，而表示论域上的元素 μ 与隶属度 $\mu_A(u)$ 之间的对应关系："$\int$" 既不表示"积分"，也不是"求和"记号，而是表示论域 U 上的元素 u 与隶属度 $\mu_A(u)$ 对应关系的一个总括。

【例 7-1】 设论域 $U = \{x_1(140), x_2(150), x_3(160), x_4(170), x_5(180), x_6(190)\}$ 表示人的身高，那么 U 上的一个模糊集"高个子"的隶属度函数 $A(x) = \frac{x-140}{190-140}$，$A(x) = \frac{x-100}{200-100}$，也可以用 Zadeh 表示法：

$$A(x) = \frac{0}{x_1} + \frac{0.2}{x_2} + \frac{0.4}{x_3} + \frac{0.6}{x_4} + \frac{0.8}{x_5} + \frac{1}{x_6}$$

$$A(x) = \frac{0.15}{x_1} + \frac{0.2}{x_2} + \frac{0.42}{x_3} + \frac{0.6}{x_4} + \frac{0.8}{x_5} + \frac{9}{x_6}$$

7.2.2 模糊运算

将经典数学集合的运算推广到模糊数学集合，由于模糊集中不存在排中律，也不存在绝对的属于或不属于某一集合的关系，所以模糊集合运算的定义只能以两个隶属函数之间的关系来确定。

定义模糊集 A 为空集，若对于 A 中的任意元素 x，都有 $\mu_A(x) = 0$；模糊集 A 为全集，若对于 A 中的任意 x，都有 $\mu_A(x) = 1$，则模糊集的交、并、补的定义分别如下：

$$(A \cup B)(x) = A(x) \cup B(x) = \max\{\mu_A(x), \mu_B(x)\}$$

$$(A \cap B)(x) = A(x) \cap B(x) = \min\{\mu_A(x), \mu_B(x)\}$$

$$(A^c)(x) = 1 - A(x)$$

同样,模糊集也有类似于经典集合的性质:

(1) 幂等律 $A \cup A = A$, $A \cap A = A$;

(2) 交换律 $A \cup B = B \cup A$, $A \cap B = B \cap A$;

(3) 综合律 $A \cup (B \cup C) = (A \cup B) \cup C$, $A \cap (B \cap C) = (A \cap B) \cap C$;

(4) 分配率 $A \cup (B \cap C) = (A \cup B) \cap (A \cup C)$, $A \cap (B \cap C) = (A \cap B) \cup (A \cap C)$;

(5) 吸收律 $A \cup (A \cap B) = A$, $A \cap (A \cup B) = A$;

(6) 复原律 $(A^c)^c = A$;

(7) $0 - 1$ 律 $A \cap \varnothing = \varnothing$, $A \cup \varnothing = A$, $A \cap U = A$, $A \cup U = U$;

(8) 对偶律 $(A \cup B)^c = A^c \cap B^c$, $(A \cap B)^c = A^c \cup B^c$。

与经典集合不同的是,模糊集不满足互补律,即模糊集 A 与其补集的并集的隶属度不一定为 1,模糊集 A 与其补集的交集的隶属度不一定为 0。

【例 7-2】　设两个模糊矩阵 R 和 S 分别为:

$$R = \begin{bmatrix} 0.7 & 0.5 \\ 0.9 & 0.2 \end{bmatrix}, S = \begin{bmatrix} 0.4 & 0.3 \\ 0.6 & 0.8 \end{bmatrix}$$

则有

$$R \cup S = \begin{bmatrix} 0.7 \vee 0.4 & 0.5 \vee 0.3 \\ 0.9 \vee 0.6 & 0.2 \vee 0.8 \end{bmatrix} = \begin{bmatrix} 0.7 & 0.5 \\ 0.9 & 0.8 \end{bmatrix}$$

$$R \cap S = \begin{bmatrix} 0.7 \wedge 0.4 & 0.5 \wedge 0.3 \\ 0.9 \wedge 0.6 & 0.2 \wedge 0.8 \end{bmatrix} = \begin{bmatrix} 0.4 & 0.3 \\ 0.6 & 0.2 \end{bmatrix}$$

$$R^c = \begin{bmatrix} 1 - 0.7 & 1 - 0.5 \\ 1 - 0.9 & 1 - 0.2 \end{bmatrix} = \begin{bmatrix} 0.3 & 0.5 \\ 0.1 & 0.8 \end{bmatrix}$$

7.3　隶属度函数和贴近度

7.3.1　隶属度函数

隶属函数是模糊集合赖以建立的基石,隶属函数的确定无论理论上或应用上都非常重要,由于造成模糊不确定性的原因是多种多样的,要确定恰当的隶属函数并不容易。在大多数场合下,隶属度无法直接给出,它的建立需要对所描述的概念有足够了解,一定的数学技巧,而且还包括心理测量的进行与结果的运用等各种因素。正如某一事件的发生与否有一定的确定性(随机性)一样,某一对象是否符合某一概念也有一定的不确定性。

隶属函数的确定过程,本质上说应该是客观的,但每一个人对于同一个模糊概念的认识理解又有差异,因此,隶属函数的确定又带有主观性。一般是根据经验或统计进行确定,也可由专家、权威给出。对于同样一个模糊概念,不同的人会建立不完全相同的隶属函数,尽管形式不完全相同,只要能反映同一模糊概念,在解决和处理实际模糊信息的问题中仍然殊途同归。事实上,也不可能存在对任何问题对任何人都适用的确定隶属函数的统一方法,因为模糊集合实质上是依赖于主观描述客观事物的概念外延的模糊性。可以设想，如果有对每个人都适用的确定隶属函数的方法，那么所谓的"模糊性"也就根本不存在了。

7.3.1.1 模糊统计法

确定隶属函数的方法很多，最基本的一种就是模糊统计法。根据概率统计的规律，当试验次数足够大时，可以用频率来代替概率。所以，建立隶属函数时，可用隶属频率来代替隶属度。

模糊统计实验有四个要素：（1）论域 U；（2）U 中的一个元素；（3）U 中一个边界可变的普通集合 A^*，A^* 联系于一个模糊集合 A 及相应的模糊概念 α；（4）条件 S，它联系着按概念 α 所进行的划分过程的全部主观因素，它制约着 A^* 边界的改变。

模糊性产生的根本原因是：S 对概念 α 所作的划分引起的 u_0 的变异，它可能覆盖了被研究的元素 u_0，也可能不覆盖 u_0，这就导致 u_0 对 A^* 的隶属关系不确定。模糊统计实验的基本要求是在每一次实验下，要对 u_0 是否属于 A^* 做一个确切的判断，做 n 次实验，就可算出 u_0 对 A 的隶属概率。

$$u_0 \text{ 对 } A \text{ 的隶属概率} = \frac{"u_0 \text{ 属于 } A^*"\text{的次数}}{n} \tag{7-6}$$

许多实验证明，随着 n 的增大，隶属频率呈现稳定性，被称为隶属频率稳定性，频率稳定所在的数值叫 u_0 对 A 的隶属度。即有

$$u_{(A)}(u_0) = \lim_{n \to \infty} \frac{"u_0 \text{ 属于 } A^*"\text{的次数}}{n} \tag{7-7}$$

7.3.1.2 二元对比排序法

二元对比排序法将论域中的所有元素属于模糊集合的程度进行两两比较，然后再经过处理得出各个元素的隶属度。

假设论域为 $U = \{u_1, u_2, \cdots, u_n\}$，且 A 为论域 U 的子集，对于任意 u_i，u_j，用 r_{ij} 表示 u_i 关于 A 优先的程度，且 r_{ij} 不等于 r_{ji}，并有如下限制：

（1）$0 \leqslant r_{ij} \leqslant 1(i, j = 1, 2, \cdots, n)$。

（2）$r_{ii} = 1(i = 1, 2, \cdots, n)$。

（3）$r_{ij} + r_{ji} = 1(i, j = 1, 2, \cdots, n)$。

则可获得方阵 $\boldsymbol{R}$，对于每一行取最小值为 u_i 对 A 的隶属度，即：

$$\mu_A(u_i) = \min_{j=1}^{n} r_{ij}$$

则有：

$$A = \{\min r_1, \min r_2, \cdots, \min r_{nj}\} = \{\mu_A(\mu_1), \mu_A(\mu_2), \cdots, \mu_A(\mu_n)\} \tag{7-8}$$

7.3.1.3 德尔菲法

德尔菲法即专家打分法，采用打分的方法将专家的经验和意见不断的综合，最终得到比较满意的结果。对于不便使用模糊统计法求模糊集合，又主要依赖专家的个人经验，可采用此法。若全体专家均有平等的学术地位，则可用平均值来评定；若专家的学术水平各

不相同，则采用不同的权重进行分析。

7.3.1.4　最小模糊度法

对于该方法直观的理解就是反映事物客观性的清晰程度的模糊度量值越小，则模糊集表达问题本质的把握就越大。其基本思路为：根据先验知识和采集的数据，确定出描述模糊概念的候选隶属函数，利用最小化模糊度的原则计算相关参数，进而获得合适的隶属函数。

7.3.1.5　F分布函数法

F分布函数法（见表7-1）是依据实际情况套用已有的模糊分布，然后根据实际测量的数据得到函数中的参数值，该方法将人的经验考虑进去，带有一定的主观性。常用的分布有矩形分布、梯形分布、正态分布和柯西分布等。

表7-1　常用的模糊分布函数

模糊分布	类　型		
	偏小型	中间型	偏大型
矩形分布	$A(x)=\begin{cases}1 & x\leqslant a\\0 & x>a\end{cases}$	$A(x)=\begin{cases}0 & x<a \text{ 或 } x>b\\1 & a\leqslant x\leqslant b\end{cases}$	$A(x)=\begin{cases}1 & x\geqslant a\\0 & x<a\end{cases}$
梯形分布	$A(x)=\begin{cases}1 & x<a\\\dfrac{b-x}{b-a} & a\leqslant x\leqslant b\\0 & x>b\end{cases}$	$A(x)=\begin{cases}0 & x<a\\\dfrac{x-a}{b-a} & a\leqslant x<b\\1 & b\leqslant x<c\\\dfrac{d-x}{d-c} & c\leqslant d\\0 & x\geqslant d\end{cases}$	$A(x)=\begin{cases}0 & x<a\\\dfrac{x-a}{b-a} & a\leqslant x\leqslant b\\1 & x>b\end{cases}$
正态分布	$A(x)=\begin{cases}1 & x\leqslant a\\e^{-\left(\frac{x-a}{\sigma}\right)^2} & x>a\end{cases}$	$A(x)=e^{-\left(\frac{x-a}{\sigma}\right)^2}, x\in R$	$A(x)=\begin{cases}1 & x\leqslant a\\1-e^{-\left(\frac{x-a}{\sigma}\right)^2} & x>a\end{cases}$
柯西分布	$A(x)=\begin{cases}1 & x\leqslant a\\\dfrac{1}{1+\alpha(x-a)^\beta} & x>a\end{cases}$ $(\alpha>0,\beta>0)$	$A(x)=\dfrac{1}{1+\alpha(x-a)\beta}$ $(\alpha>0,\beta$ 为正偶数$)$	$A(x)=\begin{cases}0 & x\leqslant a\\\dfrac{1}{1+\alpha(x-a)^{-\beta}} & x>a\end{cases}$ $(\alpha>0,\beta>0)$

【**例7-3**】　考虑年龄集 $U=[0,100]$，$A=$ "年老"，A 也是一个年龄集，其隶属度函数为：

$$A(u)=\begin{cases}0 & 0\leqslant u\leqslant 50\\\left(1+\left(\dfrac{u-50}{5}\right)^{-2}\right)^{-1} & 50\leqslant u\leqslant 100\end{cases}$$

7.3.2 贴近度

为了描述两个模糊集之间的贴近程度，先要了解两个模糊集之间的内积和外积。设 A，$B \in \Gamma(U)$，其隶属函数分别为 $\mu_A(u)$ 和 $\mu_B(u)$，则称 $A \otimes B = \vee(\mu A(u) \wedge \mu B(u))$ 为模糊集 A、B 的内积；$A \oplus B = \vee(\mu A(u) \vee \mu B(u))$ 为模糊集 A、B 的外积。

贴近度有很多种，包括海明贴近度、欧几里得贴近度、黎曼贴近度和格贴近度。经过多方比较认为，海明贴近度公式和格贴近度公式适用较广泛。在对二者进行对比之后发现贴近度的形式更为简单并且更容易理解。

$$海明贴近度： \quad \sigma(A,B) = 1 - \frac{\sum_{i=1}^{n}(A(u_i) - B(u_i))}{n} \tag{7-9}$$

$$欧几里得贴近度： \quad \sigma(A,B) = 1 - \frac{\left[\sum_{i=1}^{n}(A(u_i) - B(u_i)^2\right]^{\frac{1}{2}}}{\sqrt{n}} \tag{7-10}$$

格贴近度：

$$\sigma(A,B) = (A \otimes B) \wedge (1 - A \oplus B) 或 \sigma(A,B) = [(A \otimes B) + (1 - A \oplus B)]/2$$

由模糊集的内积和外积的性质可知，无论是内积或者外积在单独使用时都不能完全刻画两个模糊集之间的贴近程度，模糊集的内积和外积都只能部分地表现两个模糊集的靠近程度。因此，内积越大两个模糊集越靠近；外积越小两个模糊集也越靠近。因此，可用内积与外积相结合的"贴近度"来刻划两个模糊集的贴近程度。设 A、B 是论域 U 上的模糊子集，则称 $\sigma_i(A,B) = \frac{1}{2}[A \otimes B + (1 - A \oplus B)]$ 为 A、B 的格贴近度，可见当 $\sigma_i(A, B)$ 越大时，A 与 AB 就越贴近。

对于给定论域 U 上的模糊子集 A_1、A_2、$\cdots$、A_n，$B \in F(U)$，且 $\delta(B,A_i) = \max[\delta(B,A_1)$，$\delta(B,A_2)$，$\cdots$，$\delta(B,A_n)]$，则称 B 与 A_i 最贴近（相对与其他模糊集而言）。

7.4 模 糊 聚 类

模糊聚类分析是指用模糊数学方法研究和处理给定对象的分类。由于模糊聚类得到了样本属于各个类别的不确定性程度，表达了样本类属性的中介性，即建立起了样本对于类别的不确定性描述，更能客观的反映实际事物，从而成为聚类分析研究的主流。

7.4.1 模糊聚类分析的定义

在聚类的定义上，不同的学者有不同的定义方式。下面给出 1 种对聚类概念有很好理解和认识的聚类定义。设 $X = \{x_1, x_2, \cdots, x_n\}$ 是样本集，定义 X 的 m 聚类 R，将 X 分割成 m 个集合（聚类），使其满足以下条件：

(1) $C_i \neq \varnothing$，$i = 1, 2, \cdots, m$；

（2）$\bigcup_{i=1}^{m} C_i = X$；

（3）$C_i \cap C_j = \varnothing$，$i \neq j$，$i,j = 1,2,\cdots,m$。

7.4.2　模糊聚类分析的数学模型

用数学语言来描述聚类问题，可以得到聚类分析的数学模型。设样本集 $X = \{x_1,x_2,\cdots,x_n\}$，样本点的特征值是 $x_k(k=1,2,\cdots,n)$，样本点 x_k 在第 j 个特征上的值是 $x_{kj}(j=1,2,\cdots,s)$，$P(x_k) = (x_{k1},x_{k2},\cdots,x_{ks})$ 为 x_k 的特征向量。则聚类分析即为分析数据集 X 中的 n 个样本所对应的特征向量间的相似性问题，按照样本间的相似性关系将样本分成不相交的子集 X_1，X_2，$\cdots$，X_C，该子集满足条件：

$$X = X_1 \cup X_2 \cup \cdots \cup X_C, X_i \cap X_j = \varnothing, (1 \leqslant i \neq j \leqslant C)$$

（1）硬划分。

样本点 $x_k(k=1,2,\cdots,n)$ 对子集 $X_i(i=1,2,\cdots,C)$ 的隶属关系可表示为：

$$\mu_{ik} = \mu_{Xi}(x_k) = \begin{cases} 1 & x_k \in X_i \\ 0 & x_k \notin X_i \end{cases} \tag{7-11}$$

隶属度函数 $\mu_{ik} \in E_h$，即要求每个样本点属于且仅属于某一个类中，每个子集还不能为空，硬划分：

$E_h = \{ U \in R^C \mid \mu_{ik} \in \{0,1\} \}$，对任意 k，$\sum_{i=1}^{C} u_{ik} = 1$，对任意 i，$0 < \sum_{k=1}^{n} \mu_{ik} < n$

（2）模糊划分。模糊划分也叫软划分，由硬划分可以引出模糊划分的数学模型：

$E_f = \{ U \in R^C \mid \mu_{ik} \in [0,1] \}$，对任意 k，$\sum_{i=1}^{C} u_{ik} = 1$，对任意 i，$0 < \sum_{k=1}^{n} \mu_{ik} < n$，模糊划分的好处是将硬划分中的绝对性变成了相对性。

（3）可能性划分。

若将模糊划分中的约束条件 $\sum_{i=1}^{C} u_{ik} = 1$ 放宽，则模糊划分就变成了可能性划分：

$E_p = \{ U \in R^C \mid \mu_{ik} \in [0,1] \}$，对任意 i，k。

7.4.3　模糊聚类方法的分类

从方法的实现上看，聚类分析方法一般可分为以下类型谱系聚类方法、基于等价关系的聚类方法、基于图论的聚类方法和基于目标函数的聚类方法。聚类方法可看成考虑包含在样本集中的所有可能划分集和的一小部分就可以得到可判断聚类的方法，聚类结果的正确与否取决于所使用的方法和所依赖的聚类准则。

7.4.3.1　谱系聚类方法

在实际应用中，当待分析的样本点较少时经常被采用。设样本集 X 如聚类分析的数学模型中所述有 M 个样本点，现将这个样本划分为 C 类。谱系聚类方法就是将样本按距离准则逐步聚类，类别由多到少，直到满足合适的分类要求为止。这种方法效果较好，是经常使用的方法之一，国内外研究的较为深入。

首先以单个模式样本点各自成为一类，然后计算类与类之间的距离或相似程度，选择距离最小或相似度最大的一对，将其合并成为一个新的类，再计算新的类别划分下各类之间的距离，再将距离最小的两类合并为一类，每次归类就减少一个类，直到所有的样本点合并成一类为止，其基本步骤如下：

（1）首先进行初始化，令样本集合 $X = \{x_1, x_2, \cdots, x_n\}$ 中的 n 个样本点各自成为一类，计算任意两个样本点间的距离；

（2）计算各类中的距离的最小值，如果两类中的距离值最小，就将该两类归为一类，并由此建立新的分类；

（3）计算合并后的新类别之间的距离值。此距离的计算准则要和上步骤中计算距离的准则一样；

（4）重复计算距离并合并类，一直将各类样本归为一类为止；

（5）自定义一个阈值 λ，就可以将给定的样本集合划分成不同的类别。

谱系聚类方法的优缺点：算法优点计算方便，计算量比较小，效果较好；算法缺点在实际应用中，当待分类的样本点较多时，计算量较大，计算较复杂，要得到完整的谱系图往往要花费较长时间。

谱系聚类方法的特性：聚类不受初始化的影响，无局部极小点的问题。在改变类别数目的时候，算法只考虑局部相邻的类别，这样数据点在较低水平上都被归为同一类中在较高水平时，则永远属于同一类，算法过程是静态的。

7.4.3.2 基于等价关系的聚类方法

两个集合之间的模糊关系有自反性、对称性和传递性。如果两个集合具有自反性和对称性，则称这两个集合具有相似性；如果两个集合同时具有自反性、对称性和传递性，则称这两个集合具有等价关系。基于等价关系的聚类方法就是在等价关系的思想上建立起来的。集合上的等价关系所构成的类，两两互不相交，而且覆盖整个集合区域。

首先对模糊相似矩阵进行定义，当集合 $X = \{x_1, x_2, \cdots, x_n\}$ 时，模糊相似关系 $\boldsymbol{R}$ 可以用模糊矩阵 $\boldsymbol{R} = [r_{ij}]_{n \times n}$ 表示，而 $\boldsymbol{R}$ 是主对角线上的元素均为 1 的对称模糊矩阵，即 $r_{ii} = 1$，$r_{ij} = r_{ji}$，这样的模糊矩阵称为模糊相似矩阵。然而由于模糊相似矩阵一般都满足模糊相似关系，即具有自反性和对称性，但一般情况下没有传递性，即不具有模糊等价关系。因此，可以将模糊相似关系转变成模糊等价关系，就可以分类了，基本步骤如下：

（1）首先计算样本集合 $X = \{x_1, x_2, \cdots, x_n\}$ 中的 n 个样本点各自成为一类，计算任意两个样本点之间的相似度矩阵 $\boldsymbol{R} = [r_{ij}]_{n \times n}$；

（2）验证相似度矩阵 $\boldsymbol{R}$ 是否具有传递性，若具有传递性，则转到步骤（3），否则按照模糊等价矩阵的求法，计算矩阵的模糊等价矩阵；

（3）自定义一个阈值 λ，就可以将给定的样本集集合划分不同的类。

基于等价关系方法的优缺点：算法优点计算量较小，计算比较方便；算法缺点一般实用于计算少量样本点。对于大规模样本集合，计算量大，由于实际中矩阵不具有传递性，即一般模糊相似矩阵不具有模糊等价关系，要计算模糊等价矩阵是较为困难，给算法带来了较大的不便性。

基于等价关系聚类方法的特性：利用基于模糊等价关系的聚类方法是从相似系数角度对其影响因素进行了理论分析，并建立模糊等价关系矩阵，就是计算各个分类对象之间的相似统计量。基于等价关系聚类方法就是对由特征样本点建立起来的模糊关系矩阵进行等价变换，得到模糊等价关系矩阵。在已经建立起来的模糊等价关系矩阵基础上给定不同的 λ 值进行水平截取，从而得到不同的聚类结果。当 λ 值越大，聚成的类就越多、越细；当 λ 值越小，聚成的类就越少、越粗；当 λ 值小到某一值时候，所有的样本都分成一类，这样就没有实际应用价值。

7.4.3.3 基于目标函数的聚类方法

基于目标函数的聚类方法是将聚类分析归结成一个带约束的非线性规划问题，通过优化求解获得数据集的最优模糊划分和聚类。该方法设计简单、解决问题的范围广，还可以转化为优化问题而借助普通数学的非线性规划理论求解，并且易于计算机实现。因此，随着计算机的应用和发展，基于目标函数的模糊聚类算法成为重要的聚类研究方法。

这种方法用目标函数 J 来量化可判断性，通常情况下，聚类数 C 是事先确定的，这种算法用微分学的思想和概念，通过最优 J 最优产生连续的聚类，当 J 的局部最优确定时，算法才结束。这种类型的算法有的也叫迭代函数最优化方法，例如模糊 C——均值算法就是属于基于目标函数的聚类方法的范畴之内。

基于目标函数的聚类方法的优缺点：算法优点在各种聚类算法中，目标函数聚类方法能够较准确地用公式表述聚类准则，并且用模糊理论可以使得一些问题得到较合理的解决，算法设计简单、解决问题范围广、可以转化为最优化问题求解算法考虑样本点的全局特征。算法缺点算法的实时性不太好，特别是样本特征点很多时，该算法的实时性难以保证，而且算法可能会陷入局部极值点，无法达到全局最优解。

基于目标函数的聚类方法的特性：它是将数据点到聚类原型聚类中心的某种距离和作为优化的目标函数，利用函数的求极值的方法得到迭代运算的调整规则。

7.5 模糊评判

在客观世界存在大量模糊概念和模糊现象，模糊数学就是试图利用数学工具解决模糊事物方面的问题，着重研究"认知不确定"类的问题，其研究对象具有"内涵明确，外延不明确"的特点，模糊评价的思想是由加利福尼亚大学教授扎德，模糊综合评判法以模糊数学的理论为基础，将边界不清和不易定量的因素定量化，能够克服打分法弹性较大的弊端和避免定性评判法的主观随意性模糊，综合评判法的应用已涉及经济问题评价、管理问题评价、环境评价、工程技术和医学等众多领域，在景观评价领域，也已被应用到水系景观评价、道路景观评价等方面。

7.5.1 单级模糊评判法

7.5.1.1 备择集

备择集是由评判者对评判对象可能存在各种结果所组成的集合，设由 n 种决断所构成的备择集，通常用 U 表示：

$$U = \{u_1, u_2, \cdots, u_n\} \tag{7-12}$$

各元素 $u_i(i = 1, 2, \cdots, n)$ 代表各个可能的评判结果，模糊综合评判的目的就是在综合考虑所有影响因素之后，从备择集中得出最佳的评判结果。

7.5.1.2 因素集

因素集是影响评判对象的各种因素所构成的集合，设由 m 种因素所构成的因素集，通常用 V 表示：

$$V = \{f_1, f_2, \cdots, f_m\} \tag{7-13}$$

各元素 $f_i(i = 1, 2, \cdots, m)$ 代表各影响因素，这些因素通常具有不同程度地模糊性，评判集内某一评判指标的因素指标向量为：

$$u_j = \{f_{1j}, f_{2j}, \cdots, f_{mj}\}^T, j = (1, 2, \cdots, n) \tag{7-14}$$

把第 j 个评判指标的第 i 个因素指标值记为 f_{ij}，则得到 n 个指标的 m 个因素指标特征值矩阵 $\boldsymbol{F}$：

$$\boldsymbol{F} = \begin{bmatrix} F_1 \\ F_2 \\ \cdots \\ F_m \end{bmatrix} = \begin{bmatrix} f_{11} & f_{12} & \cdots & f_{1n} \\ f_{21} & f_{22} & \cdots & f_{2n} \\ \cdots & \cdots & \cdots & \cdots \\ f_{m1} & f_{m2} & \cdots & f_{mn} \end{bmatrix} \tag{7-15}$$

7.5.1.3 隶属度

从不同因素出发进行评判，确定评判对象对 U 的隶属程度：

$$R_i = (r_{i1}, r_{i2}, \cdots, r_{in}) \tag{7-16}$$

将各单因素评判集按各单因素模糊集的隶属函数式可分别换算出各单因素的隶属度 r_{ij}，将矩阵 $\boldsymbol{F}$ 变为对应的隶属度矩阵 $\boldsymbol{R}$。

$$\boldsymbol{R} = \begin{bmatrix} R_1 \\ R_2 \\ \cdots \\ R_m \end{bmatrix} = \begin{bmatrix} r_{11} & r_{12} & \cdots & r_{1n} \\ r_{21} & r_{22} & \cdots & r_{2n} \\ \cdots & \cdots & \cdots & \cdots \\ r_{m1} & r_{m2} & \cdots & r_{mn} \end{bmatrix} \tag{7-17}$$

为了在不同情况下统一综合考虑，同一个 V 需要进行归一化计算，即：

$$r_{ij}^0 = \frac{r_{ij}}{\sum\limits_{j=1}^{n} r_{ij}} (i = 1, 2, \cdots, m) \text{ 满足条件：} \sum_{j=1}^{n} r_{ij}^0 = 1 \tag{7-18}$$

于是，可得 U 到 V 上的关系 $\boldsymbol{R}^0$：

$$\boldsymbol{R}^0 = \begin{bmatrix} R_1^0 \\ R_2^0 \\ \cdots \\ R_m^0 \end{bmatrix} = \begin{bmatrix} r_{11}^0 & r_{12}^0 & \cdots & r_{1n}^0 \\ r_{21}^0 & r_{22}^0 & \cdots & r_{2n}^0 \\ \cdots & \cdots & \cdots & \cdots \\ r_{m1}^0 & r_{m2}^0 & \cdots & r_{mn}^0 \end{bmatrix} \tag{7-19}$$

7.5.1.4　权重

在综合评判中，权重问题十分重要，只有权重分配合理，才能正确地进行综合评判。设 A 是 U 的一个模糊子集，它反应各因素的重要性程度，称为权重，$A = \{a_1, a_2, \cdots, a_m\}$ 满足条件：

$$\sum_{i=1}^{m} = 1, a_i \geqslant 0 \tag{7-20}$$

7.5.1.5　综合评判矩阵

考虑各因素的权重以后的评价矩阵要通过模糊矩阵合成运算推求，若以 $\boldsymbol{B}$ 表示合成运算后的多因素模糊评价集矩阵，则有 $\boldsymbol{B} = \boldsymbol{A} \circ \boldsymbol{R} = \{b_1, b_2, \cdots, b_m\}$，即：

$$(b_1, b_2, \cdots, b_m) = (a_1, a_2, \cdots, a_n) \circ \begin{pmatrix} r_{11} & r_{12} & \cdots & r_{1m} \\ r_{21} & r_{22} & \cdots & r_{2m} \\ \cdots & \cdots & \cdots & \cdots \\ r_{n1} & r_{n2} & \cdots & r_{nm} \end{pmatrix} \tag{7-21}$$

最后根据综合评判矩阵，选取合适的隶属度函数就可以得出评判结果。

7.5.2　多级模糊评判法

随着仿真系统模块的增多，评估越来越复杂，使用单级评估的策略已经无法满足评估要求。此时基于单级模糊评判法的多级评判法就应运而生了，其步骤如下：

（1）把因素集论域 U 按某种属性分成 p 个子集公式为：

$$U = \bigcup_{i=1}^{n} u_i \tag{7-22}$$

式中，$u = \{u_{i1}, u_{i2}, \cdots, u_{ip}\}, i = 1, 2, \cdots, m$。

（2）依据备择集 $V = \{v_1, v_2, \cdots, v_s\}$ 对每个 u_i 实施单级模糊综合评判。为 u_i 中各指标元素的权向量，其中满足 $\sum_{r=1}^{p} w_{ir} = 1, u_i$ 的单因素评价结果为 $\boldsymbol{R}_i$（p 行，m 列），单级评价模型为：

$$\boldsymbol{B}_i = \boldsymbol{W}_i \circ \boldsymbol{R}_i (i = 1, 2, \cdots, m) \tag{7-23}$$

（3）计算隶属度关系矩阵。得到每个 u_i 的单级评估结果之后，将 u_i 看做单指标因素构成因素集合 $U = \{u_1, u_2, \cdots, u_n\}$，将 B_i 视为因素集 U 对应的单因素评价结果，按照此方法便可以得到一个隶属关系矩阵：

$$\boldsymbol{B} = \begin{pmatrix} B_1 \\ B_2 \\ \cdots \\ B_m \end{pmatrix} = \begin{pmatrix} b_{11} & b_{12} & \cdots & b_{1s} \\ b_{21} & b_{22} & \cdots & b_{2s} \\ \cdots & \cdots & \cdots & \cdots \\ b_{m1} & b_{m2} & \cdots & b_{ms} \end{pmatrix} \tag{7-24}$$

设综合因素 $u_i(i = 1, 2, \cdots, m)$ 的模糊权向量为 $\boldsymbol{W}_i = \{w_1, w_2, \cdots, w_m\}$，则二级模糊评判模型为 $\boldsymbol{W}_i \circ \boldsymbol{R}_i = \{b_1, b_2, \cdots, b_s\}$，如果第一步划分中 $u_i(i = 1, 2, \cdots, m)$ 的影响因素较多，则可继续划分得到三级或更高级的模型。

7.6 应用实例

利用模糊数学的方法结合权重确定房产评估模型的可比交易案例，整个可比交易案例的选取，克服了以往交易案例多凭借专家经验的缺点，使得交易案例选取更加理性和科学。以住宅房产为例，其特征因素的划分及量化方法如表 7-2 所示。

表 7-2　住宅房产特征量化表

特征因素指标	指标描述	量化方法
交通便捷程度	公交站点、道路功能、公交线路数	查询周围 500m 以内的公交站点数，每一个 1 分；查询通过站点的公交线路数，每个加 1 分；靠近主干道，加 2 分
社会服务设施	文体设施、教育配套生活服务、行政管理	1000m 有文体设施，加 2 分；有幼儿园、小学、中学，每一项 1 分，最高 3 分；有超市、银行、商场、医院，每一项 1 分，最高 4 分；有政府机关，加 1 分
城市基础设施	水、电、煤气、通信、有线电视、宽带	建筑物所在区域内描述指标设施完善，为满分 10 分，缺水、电每项扣 3 分，缺其余每项扣 1 分
到 CBD 距离	距离市中心最短路径距离	计算距离城市区域中心的最短路径距离
周边环境质量	自然环境、人文环境	查询房产周围 1000m 以内的公园数，江河数，每个加 1 分；500m 以内的高速、铁路、城市主干道数，每个减 1 分；查询所在小区绿化率，高于 40% 加 3 分，25% ~40% 加 2 分，15% ~25% 加 1 分，15% 以下减 2 分；查询 1000m 是否有大学，有加 1 分；是否有危险源，有 1 个减 1 分
楼层	a. 有电梯；b. 无电梯	无电梯：5—3 层；4—4 层；3—2、5 层；2—1 层；1—顶层；有电梯：5—25 层以上；4—19 至 24 层；3—13 至 18 层；2—7 至 12 层；1—1 层至 6 层
户型	户型结构	5—三室两厅两卫以上；4—三室两厅一卫；3—两室两厅一卫；2—两室一厅一卫；1—其他
朝向	建筑物朝向	5—南；4—东南，西南，南北；3—东；2—西，东北；1—北
建筑设施设备	上下水管道、燃气、电梯、通信、防盗防灾、清洁、车位	满分 10 分，缺 1 项减 1 分
成新率	建筑物新旧程度	完好房：8—10 成新；基本完好房；6—7 成新；一般损坏房：4—5 成新；严重损坏房及危险房：3 成新以下
房屋质量	裂缝、渗漏、门窗变形、其他	满分 5 分，有一项存在问题扣 0.5 ~1 分
装修情况	建筑的内外装修	豪装：4 ~5 分；精装：3 ~4 分；简装：2 ~3 分；毛坯：1 ~2 分

特征因素指标	指标描述	量 化 方 法
物业管理	小区内物业管理状况	优：5 分，一级物管资质，有 24h 保安巡逻，安装录像监控； 较优：4 分，二级物管资质，24h 保安巡逻，安装录像监控； 一般：3 分，二级物管资质，有保安巡逻； 较劣：2 分，三级物管资质； 劣：1 分，无物管资质
通风采光	通风采光情况	优：5 分，平均日照 8h/天，窗体占墙面积 1/3 以上，能通风对流； 较优：4 分，平均日照 6h/天，窗体占墙面积 1/4 以上，能通风对流； 一般：3 分，平均日照 5h/天，窗体占墙面积 1/5 以上，不产生对流； 较劣：2 分，平均日照 2h/天，窗体占墙面积 1/7 以上，不产生对流； 劣：1 分，平均日照低于 2h/天或无窗

本模型采用格贴近度和加权海明距离计算交易案例与待估房产的接近程度，然后根据待估房产和交易案例实际情况，考虑选取格贴近度或加权海明距离中一种作为依据，按大小排序，直接选出可供比较的交易实例。

在利用灰色关联求出权重后，接下来求待估房产和初选交易案例各个特征变量相对隶属度。为计算方便，本模型中假设有一个理想房产，它的每个特征变量对应最佳值，而待估房产与初选交易案例分别与这个理想房产做比较，求其隶属于理想房产的程度。以住宅房产为例，本模型逐一建立其隶属函数如下。

（1）交通便捷程度隶属函数：

$$u(x) = \begin{cases} 0 & x < 2 \\ \dfrac{x-2}{10} & 2 \leqslant x < 12 \\ 1 & x > 12 \end{cases}$$

（2）社会服务设施、城市基础设施、建筑物设施设备、成新率隶属函数：

$$u(x) = \left\{ \frac{1}{10} + \frac{0.9}{9} + \frac{0.8}{8} + \frac{0.7}{7} + \frac{0.6}{6} + \frac{0.5}{5} + \frac{0.4}{4} + \frac{0.3}{3} + \frac{0.2}{2} + \frac{0.1}{1} + \frac{0}{0} \right\}$$

（3）到 CBD 距离隶属函数：

$$u(x) = \begin{cases} 1 & x < 2.5\,\text{km} \\ \dfrac{x-2.5}{7.5} & 2.5\,\text{km} \leqslant x \leqslant 10\,\text{km} \\ 0 & x > 10\,\text{km} \end{cases}$$

（4）周边环境质量隶属函数：

$$u(x) = \begin{cases} 0 & x < 2 \\ \dfrac{x-2}{6} & 2 \leqslant x \leqslant 8 \\ 1 & x > 8 \end{cases}$$

（5）楼层、户型、朝向、物业管理、通风采光隶属函数：

$$u(x) = \left\{ \frac{1}{5} + \frac{0.8}{4} + \frac{0.6}{3} + \frac{0.4}{2} + \frac{0.2}{1} + \frac{0}{0} \right\}$$

（6）房屋质量、装修情况隶属函数：

$$u(x) = x/5$$

利用上述各隶属函数，可以求得待估房产和交易案例的各个特征变量的相对于标准房产的隶属度。通过隶属度和前面算出的权重，可以计算交易案例与待估房产的贴近度，从而比较待估房产与交易案例的相似程度，得到可比交易案例。本模型提供了两种方式计算贴近度，加权海明距离和格贴近度，由估价人员根据具体房产情况最终确定选择使用哪一种贴近度。

加权海明距离贴近度计算公式为：

$$\sigma_H(A,B) = 1 - \sum_{i=1}^{n} (\,|A(u_i) - B(u_i)|\,w_i)$$

格贴近度计算公式为：

$$\sigma(A,B) = (\bigvee_{u \in U}[A(u) \wedge B(u)]) \wedge (1 - \bigwedge_{u \in U}[A(u) \vee B(u)])$$

式中，A，B 表示房产集合；U 表示房产特征变量集合；u 表示特征变量；w_i 表示权重，根据距离大小求出与待估房产最相似的交易案例，从而确定可以交易案例。开发软件界面如图 7-1 所示。

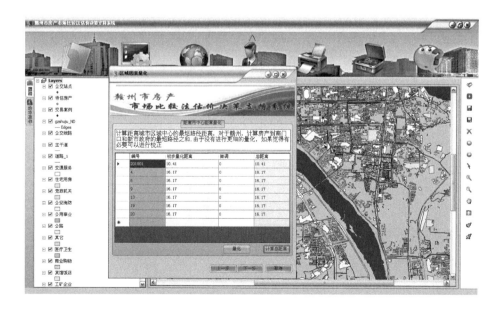

图 7-1　房产估价系统界面

思考与练习题

1. 举例说明模糊数学方法在地理学中的应用。

2. 隶属度函数如何确定，其常用的构建方法有哪些？

3. 模糊聚类方法与一般的统计聚类方法相比，有何自身特点？

4. 模糊评判方法与灰色评价模型相比，有何自身特点？

5. 设 $A = \{a, b\}, B = \{m, n\}, C = \phi$，求：(1) $A \times B$；(2) $A \times C$

6. $X = \{1, 2, 3, 4, 5, 6, 7\}, A \in F(x)$，其隶属度 $\mu_A(1) = 0.1, \mu_A(2) = 0.3, \mu_A(3) = 0.8, \mu_A(4) = 1,$ $\mu_A(5) = 0.8, \mu_A(6) = 0.3, \mu_A(7) = 0$，则：

   (1) 分别用 Zadeh、向量法、序偶法表示 A；

   (2) 求 A^C。

7. 已知模糊集"老年" O 和"年轻" Y 的隶属函数分别为：

$$\mu_o(x) = \begin{cases} 0 & 0 \leqslant x \leqslant 50 \\ \left[1 + \left(\dfrac{x-50}{5} \right)^{-2} \right]^{-1} & x > 50 \end{cases}$$

$$\mu_Y(x) = \begin{cases} 1 & 0 \leqslant x \leqslant 25 \\ \left[1 + \left(\dfrac{x-25}{5} \right)^{2} \right]^{-1} & 25 < x \leqslant 200 \end{cases}$$

试写出模糊集"不老"和"既不老又不年轻"的隶属函数。

8. 已知 $\boldsymbol{A} = \begin{pmatrix} 0.5 & 0.3 \\ 0.4 & 0.8 \end{pmatrix}, \boldsymbol{B} = \begin{pmatrix} 0.8 & 0.5 \\ 0.3 & 0.7 \end{pmatrix}$。

   求 (1) $\boldsymbol{A} \cup \boldsymbol{B}$；(2) $\boldsymbol{A} \cap \boldsymbol{B}$；(3) $\boldsymbol{A}^C$；(4) $\boldsymbol{A} \circ \boldsymbol{B}$。

8 决策分析建模

决策分析是为帮助决策者在多变的环境条件下进行正确决策而提供的一套推理方法、逻辑步骤和具体技术，以及利用这些方法和技术规范选择满意的行动方案的过程。本章简要回顾了决策分析的发展与应用，并将结合有关实例，介绍和讨论 AHP 分析决策、集对分析决策及多属性分析决策三种决策分析建模的基本原理及其在地理信息科学中的应用。

8.1 决策分析的发展与应用

人类的决策分析古已有之，从人类社会的初级阶段就存在决策分析。但决策分析是20 世纪 40 年代开始建立起来的统计决策理论。60 年代以后，以统计决策理论为基础向应用方面发展，研究范围日益扩大，从单目标问题扩展到多目标问题，从单个决策人扩展到由多个决策人组成的领导集体，从一次制订决策扩展到多次序贯地制订决策，形成了一个十分活跃、生气勃勃的研究领域。

决策分析方法分为三种：规范性、描述性和规定性。规范性方法假设一个合乎理性的决策人，它具有定义明确的、满足理性行为公理要求的偏好，主要基于先验的考虑而非以实验为基础的观察进行决策，被称为理性选择理论；描述性决策方法以实验为基础，对选择行为进行观察和研究，它主要研究在决策形势下指导决策人行为的心理因素。实验证据表明，人们常常与合乎理性的规范性决策所要求的不同；据此，规定性方法的目标是改进决策方法，使之符合规范性要求。决策分析主要是指建立在规范性和描述性决策方法基础上的规定性决策方法。

决策分析的规范性方法可以追溯到伯努利和贝叶斯时代。伯努利当时注意到这样的情况：人们在赌博时，特别是在买保险时，并不遵循期望值模型。于是他提出了带指数效用函数的期望效用模型来修正与分析期望值模型的偏差。贝叶斯则对通过观察来修正概率感兴趣，并提出了修正方法和步骤，即著名的贝叶斯定理。

20 世纪 60 年代是决策分析的形成期，它以主观期望效用模型和贝叶斯统计学为基础。1966 年，Howard 第一个把系统分析方法和以效用理论为主体的统计决策理论结合起来，发展了实用的分析方法，并定名为决策分析（decision analysis）。此后，决策研究的应用越来越广泛，决策分析逐渐成了决策科学研究的代名词。决策分析在理论基础和研究方法上已经超出了单纯的统计领域，涵盖规划、优化、行为科学等领域。研究范围涉及多目标决策、群决策、模糊决策、序贯决策（含马尔可夫决策）等。在应用方面，决策分析在许多非概率支配的领域得到了极大的发展。

目前，决策分析发展存在着两个不同的研究方向：一是从理论上探讨人们在决策过程中的行为机理；二是对实际问题的研究，如将一些典型的具体问题模型化，以指导实际决策过程。20 世纪 80 年代以来，随着计算机和信息、通信技术的发展，决策分析研究发展更快，产生了计算机辅助决策支持系统的研究方向，决策支持系统在信息系统的基础上增加了模型库和知识库，使得整个系统具有一定的人工智能功能，许多大型的决策优化问题通过计算机能够很快地得到解决，决策效率越来越高。

决策分析理论的应用反映在各种决策分析技术和决策工具的运用方面。其中决策技术可分为：（1）不确定性决策技术，包括决策树、影响图、多属性效用理论等；（2）多准则决策技术：包括多目标决策、多属性决策和层次分析法等；（3）决策支持系统：包括常规决策支持系统和智能决策支持系统。决策分析应用领域非常广泛，其在电力、石油与天然气、煤炭、核能、可再生资源和一般性资源等能源类型均有应用；具体应用包括：能源规划和政策分析、电厂选址、技术选择/项目评估、节能减排、能源生产经营和环境控制与管理、废物管理、环境影响评估等。

8.2   AHP 分析决策

8.2.1   问题的提出

美国运筹学家 T. L. Saaty 于 20 世纪 70 年代提出的 AHP 决策分析法（简称 AHP 方法），是一种定性与定量相结合的决策分析方法。它常常被运用于多目标、多准则、多要素、多层次的非结构化的复杂决策问题，特别是战略决策问题的研究，具有十分广泛的实用性。

AHP 方法，是一种将决策者对复杂问题的决策思维过程模型化、数量化的过程。通过这种方法，可以将复杂问题分解为若干层次和若干因素，在各因素之间进行简单的比较和计算，就可以得出不同方案重要性程度的权重，从而为决策方案的选择提供依据。

AHP 方法是解决复杂的非结构化的地理决策问题的重要方法，是计量地理学的主要方法之一。本节将结合有关实际问题，介绍和讨论 AHP 方法的基本原理、基本步骤、计算方法及其应用实例。

8.2.2   原理与计算方法

8.2.2.1   基本原理

AHP 决策分析方法的基本原理，可以用以下的简单事例分析来说明。假设有 n 个物体 A_1，A_2，$\cdots$，A_n，它们的质量分别记为 W_1，W_2，$\cdots$，W_n。现将每个物体的质量两两进行比较（见表 8-1）。

表 8-1　物体质量两两比较

	A_1	A_2		A_n
A_1	W_1/W_1	W_1/W_2	$\cdots$	W_1/W_n
A_2	W_2/W_1	W_2/W_2	$\cdots$	W_2/W_n
$\vdots$	$\vdots$	$\vdots$	$\vdots$	$\vdots$
A_n	W_n/W_1	W_n/W_2	$\cdots$	W_n/W_n

若以矩阵来表示各物体质量的这种相互比较关系，即

$$A = \begin{pmatrix} W_1/W_1 & W_1/W_2 & \cdots & W_1/W_n \\ W_2/W_1 & W_2/W_2 & \cdots & W_2/W_n \\ \vdots & \vdots & & \vdots \\ W_n/W_1 & W_n/W_2 & \cdots & W_n/W_n \end{pmatrix} \tag{8-1}$$

A 称为判断矩阵。

若取质量向量 $W = [W_1, W_2, \cdots, Wn]^T$，则有

$$AW = nW \tag{8-2}$$

显然，在式（8-2）中，W 是判断矩阵 A 的特征向量，n 是 A 的一个特征值。根据线性代数知识可以证明，n 是矩阵 A 的唯一非零的，也是最大的特征值。

上述表明，如果有一组物体，需要知道它们的质量，而又没有衡器，可以通过两两比较它们的相互质量，得出每一对物体质量比的判断，从而构成判断矩阵；然后通过求解判断矩阵的最大特征值 λ_{max} 和它所对应的特征向量，就可以得出这一组物体的相对质量。这一思路提示我们，在复杂的决策问题研究中，对于一些无法度量的因素，只要引入合理的度量标度，通过构造判断矩阵，就可以用这种方法来度量各因素之间的相对重要性，从而为有关决策提供依据。

8.2.2.2　基本步骤

AHP 决策分析方法的基本过程，大体可以分为如下 6 个基本步骤。

A　明确问题

明确问题即弄清问题的范围，所包含的因素，各因素之间的关系等，以便尽量掌握充分的信息。

B　建立层次结构模型

在这一个步骤中，要求将问题所含的要素进行分组，把每一组作为一个层次，并将它们按照：最高层（目标层）-若干中间层（准则层）-最低层（措施层）的次序排列起来。这种层次结构模型常用结构图来表示（图 8-1），图中要标明上下层元素之间的关系。

如果某一个元素与下一层的所有元素均有联系，则称这个元素与下一层次存在有完全层次的关系。如果某一个元素只与下一层的部分元素有联系，则称这个元素与下一层次存在有不完全层次的关系。层次之间可以建立子层次，子层次从属于主层次中的某一个元

素，它的元素与下一层的元素有联系，但不形成独立层次。

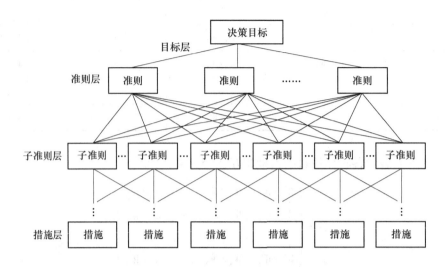

图 8-1　AHP 方法层次结构示意图

C　构建判断矩阵

这一个步骤是 AHP 决策分析中一个关键的步骤。判断矩阵表示针对上一层次中的某元素而言，评定该层次中各有关元素相对重要性程度的判断。其形式如表 8-2 所示。

表 8-2　各元素相对重要程度判断矩阵

A_k	B_1	B_2	$\cdots$	B_n
B_1	b_{11}	b_{12}	$\cdots$	b_{1n}
B_2	b_{21}	b_{22}	$\cdots$	b_{2n}
$\vdots$	$\vdots$	$\vdots$		$\vdots$
B_n	b_{n1}	b_{n2}	$\cdots$	b_{nn}

其中，b_{ij} 表示对于 A_k 而言，元素 B_i 对 B_j 的相对重要性程度的判断值。b_{ij} 一般取 1，3，5，7，9 等 5 个等级标度，其意义为：1 表示 B_i 与 B_j 同等重要；3 表示 B_i 较 B_j 重要一点；5 表示 B_i 较 B_j 重要得多；7 表示 B_i 较 B_j 更重要；9 表示 B_i 较 B_j 极端重要。而 2，4，6，8 表示相邻判断的中值，当 5 个等级不够用时，可以使用这几个数。

显然，对于任何判断矩阵都应满足

$$\begin{cases} b_{ii} = 1 \\ b_{ij} = \dfrac{1}{b_{ji}} \end{cases} \quad (i,j = 1,2,3,\cdots,n) \tag{8-3}$$

因此，在构造判断函数时，只需写出上三角（或下三角）部分即可。

一般而言，判断矩阵的数值是根据数据资料、专家意见和分析者的认识，加以平衡后给出的。衡量判断矩阵质量的标准是矩阵中的判断是否具有一致性。如果判断矩阵存在关系：

$$b_{ij} = \frac{b_{ik}}{b_{jk}} \quad (i,j,k = 1,2,\cdots,n) \tag{8-4}$$

则称它具有完全一致性。但是，因客观事物的复杂性和人们认识上的多样性，可能会产生片面性，因此要求每一个判断矩阵都具有完全一致性，显然是不可能的，特别是因素多、规模大的问题更是如此。为了考察 AHP 决策分析方法得出的结果是否基本合理，需要对判断矩阵进行一致性检验。

D 层次单排序

层次单排序的目的，是对于上层次中的某元素而言，确定本层次与上层次中的某元素有联系的各元素重要性次序的权重值。层次单排序是层次总排序的基础。

层次单排序的任务可以归结为计算判断矩阵的特征根和特征向量问题，即对于判断矩阵 B，计算满足：

$$BW = \lambda_{\max} W \tag{8-5}$$

式中，$\lambda_{\max}$ 为判断矩阵 B 的最大特征根；W 为对应于 $\lambda_{\max}$ 的正规化特征向量；W 的分量 W_i 就是对应元素单排序的权重值。

通过前面的分析，我们知道，如果判断矩阵 B 具有完全一致性时，$\lambda_{\max} = n$。但是，在一般情况下是不可能的。为了检验判断矩阵的一致性，需要计算它的一致性指标：

$$CI = \frac{\lambda_{\max} - n}{n - 1} \tag{8-6}$$

式中，当 $CI = 0$ 时，判断矩阵具有完全一致性；反之，CI 越大，就表示判断矩阵的一致性就越差。

为了检验判断矩阵是否具有令人满意的一致性，需要将 CI 与平均随机一致性指标 RI（表 8-3）进行比较。一般而言，1 阶或 2 阶的判断矩阵总是具有完全一致性的。对于 2 阶以上的判断矩阵，其一致性指标 CI 与同阶的平均随机一致性指标 RI 之比，称为判断矩阵的随机一致性比例，记为 CR。一般地，当

$$CR = \frac{CI}{RI} < 0.10 \tag{8-7}$$

就认为判断矩阵具有令人满意的一致性；否则，当 $CR \geq 0.1$ 时，就需要调整判断矩阵，直到满意为止。

表 8-3 平均随机一致性指标

阶数	1	2	3	4	5	6	7	8	9	10	11	12	13	14	15
RI	0	0	0.58	0.89	1.12	1.26	1.36	1.41	1.46	1.49	1.52	1.54	1.56	1.58	1.59

E　层次总排序

利用同一层次中所有层次单排序的结果，计算针对上一层次而言，本层次所有元素的重要性权重值，称为层次总排序。层次总排序需要从上到下逐层顺序进行。对于最高层而言，其层次单排序的结果也就是总排序的结果。

假如上一层的层次总排序已经完成，元素 $A_1, A_2, \cdots, A_m$ 得到的权重值分别为 $a_1, a_2, \cdots, a_m$；与 A 对应的本层次元素 B_1，B_2，$\cdots$，B_m 的层次单排序结果为 $[b_1^j, b_2^j, \cdots, b_n^j]^T$；那么，$B$ 层次的总排序结果见表8-4。

表8-4　层次总排序表

层次 A＼层次 B	A_1	A_2	$\cdots$	A_m	B 层次的总排序
	a_1	a_2	$\cdots$	a_m	
B_1	b_1^1	b_1^2	$\cdots$	b_1^m	$\sum\limits_{j=1}^{m} a_j b_1^j$
B_2	b_2^1	b_2^2	$\cdots$	b_2^m	$\sum\limits_{j=1}^{m} a_j b_2^j$
$\vdots$	$\vdots$	$\vdots$	$\vdots$	$\vdots$	$\vdots$
B_n	b_n^1	b_n^2	$\cdots$	b_n^m	$\sum\limits_{j=1}^{m} a_j b_n^j$

显然：

$$\sum_{i=1}^{n} \sum_{j=1}^{m} a_j b_i^j = 1 \tag{8-8}$$

即层次总排序是归一化的正规向量。

F　层次总排序的一致性检验

为了评价层次总排序结果的一致性，类似于层次单排序，也需要进行一致性检验。为此，需要分别计算下列指标：

$$CI = \sum_{j=1}^{m} a_j CI_j \tag{8-9}$$

$$RI = \sum_{j=1}^{m} a_j RI_j \tag{8-10}$$

$$CR = \frac{CI}{RI} \tag{8-11}$$

式中，CI 为层次总排序的一致性指标；CI_j 为与 A_j 对应的 B 层次中判断矩阵的一致性指标。RI 为层次总排序的随机一致性指标；RI_j 为与 A_j 对应的 B 层次中判断矩阵的随机一致性指标；CR 为层次总排序的随机一致性比例。

同样，当 $CR < 0.10$ 时，则认为层次总排序的计算结果具有令人满意的一致性；否则，就需要对本层次的各判断矩阵进行调整，直至层次总排序的一致性检验达到要求为止。

8.2.2.3 计算方法

在 AHP 决策分析方法中，最根本的计算任务是求解判断矩阵的最大特征根及其所对应的特征向量。这些问题可以用线性代数知识去求解。但在 AHP 方法中，判断矩阵的最大特征根及其对应的特征向量的计算，并不需要追求太高的精度。这是因为判断矩阵本身就是将定性问题定量化的结果。因此，常用方根法和和积法近似求解。

A　方根法

这一方法的计算步骤如下：

（1）计算判断矩阵每一行元素的乘积：

$$M_i = \prod_{j=1}^{n} b_{ij} \quad (i = 1, 2, \cdots, n) \tag{8-12}$$

（2）计算 M_i 的 n 次方根：

$$\overline{W_i} = \sqrt[n]{M_i} \quad (i = 1, 2, \cdots, n) \tag{8-13}$$

（3）将向量归一化，即：

$$W_i = \overline{W_i} \Big/ \sum_{i=1}^{n} \overline{W_i} \quad (i = 1, 2, \cdots, n) \tag{8-14}$$

则即为所求的特征向量。

（4）计算最大特征根：

$$\lambda_{\max} = \sum_{i=1}^{n} \frac{(AW)_i}{nW_i} \tag{8-15}$$

式中，W_i 表示向量的第 i 个分量。

B　和积法

这一方法的计算步骤如下：

（1）将判断矩阵每一列归一化：

$$\overline{b}_{ij} = b_{ij} \Big/ \sum_{k=1}^{n} b_{kj} \quad (i = 1, 2, \cdots, n) \tag{8-16}$$

（2）对按列归一化的判断矩阵，再按行求和：

$$\overline{W_i} = \sum_{j=1}^{n} \overline{b}_{ij} \quad (i = 1, 2, \cdots, n) \tag{8-17}$$

（3）将向量归一化：

$$W_i = \overline{W_i} \Big/ \sum_{i=1}^{n} \overline{W_i} \quad (i = 1, 2, \cdots, n) \tag{8-18}$$

则即为所求的特征向量。

（4）计算最大特征根：

$$\lambda_{max} = \sum_{i=1}^{n} \frac{(AW)_i}{nW_i} \qquad (8\text{-}19)$$

式中，W_i 表示向量的第 i 个分量。

8.2.2.4　方法评价

AHP 方法思路简单明了，能将决策者的思维过程条理化、数量化，便于计算，容易被人们所接受；所需要的定量化数据较少，但对问题的本质，问题所涉及的因素及其内在关系分析得比较透彻、清楚。但是，这种方法却存在着较大的随意性。为了克服这种缺点，在实际运用中，特别是在多目标、多准则、多要素、多层次的非结构化的战略决策问题的研究中，对于问题所涉及的各种要素及其层次结构模型的建立，往往需要多部门、多领域的专家共同会商、集体决定；在构造判断矩阵时，对于各个因素之间的重要程度的判断，也应该综合各个专家的不同意见，比如，取各个专家的判断值的平均数、众数或中位数。

8.2.3　AHP 决策分析方法应用实例

上一节主要介绍了 AHP 方法的基本原理、计算步骤及计算方法等，本节以西南岩溶山区地下水资源可持续性评价研究为例，介绍 AHP 决策分析方法在地理学相关问题研究方面的应用。

水资源是人类赖以生存与发展不可替代的基本要素，水资源的可持续利用是每个国家或地区经济建设和社会发展的重要物质基础。水资源可持续利用指标体系及评价方法则是目前水资源可持续利用研究的核心，是进行区域水资源宏观调控的主要依据。

西南岩溶山区，岩溶发育强烈，造成水资源分布在空间上分布的极不均衡。运用 AHP 分析方法，从地下水资源条件、地下水资源开发利用条件、社会经济条件、生态环境条件 4 个方面出发，选取了 28 项指标，探讨性建立一种西南岩溶山区地下水可持续指标评价体系，并结合具体地区进行应用，为类似区域的地下水资源可持续评价研究提供一定的借鉴。

8.2.3.1　层次结构模型

（1）目标层（A）：综合评价西南岩溶山区地下水资源可持续性。

（2）准则层（C），包括：

C_1——地下水资源条件；

C_2——地下水资源开发利用条件；

C_3——社会经济条件；

C_4——生态环境条件。

（3）指标层（Q），包括：

Q_1——产水模数；

Q_2——年降水量；

Q_3——年蒸发量；

Q_4——人均地下水资源占有量；

Q_5——地下水径流模数；

Q_6——干旱指数；

Q_7——地下水资源开发利用率；

Q_8——人均用水量；

Q_9——地下水可开采资源模数；

Q_{10}——饮用水困难人口比例；

Q_{11}——工业用水比例；

Q_{12}——生活用水比例；

Q_{13}——地下水开发难度系数；

Q_{14}——自来水普及率；

Q_{15}——地形坡度；

Q_{16}——人口密度；

Q_{17}——人口自然增长率；

Q_{18}——城镇人口比例；

Q_{19}——农民人均收入；

Q_{20}——城镇人均收入；

Q_{21}——人均 GDP；

Q_{22}——平均人口预期寿命；

Q_{23}——地下水矿化度；

Q_{24}——石漠化率；

Q_{25}——森林覆盖率；

Q_{26}——水质综合达标率；

Q_{27}——岩溶发育强度；

Q_{28}——覆盖层厚度；

上述目标层、准则层及指标层中各元素之间的层次结构关系，如图 8-2 所示。

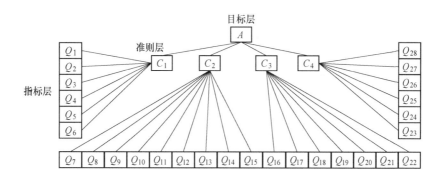

图 8-2　西南岩溶山区地下水资源可持续性评价的 AHP 层次结构图

8.2.3.2　模型计算过程

A　构造判断矩阵

构造判断矩阵，进行层次单排序。根据上述模型结构，在专家咨询的基础上，构造 $A-C$ 判断矩阵、$C-Q$ 判断矩阵，并进行层次单排序计算，其结果分别如下：

$A - C$ 判断矩阵及排序（既是层次单排序，也是总排序）结果见表 8-5。

表 8-5　$A - C$ 判断矩阵及排序

A	C_1	C_2	C_3	C_4	W_A
C_1	1	1.2	1.4	1.2	0.2955
C_2		1	1.2	1	0.2480
C_3			1	0.8	0.2060
C_4				1	0.2505

注：$\lambda_{max} = 4.0005$，$CI = 0.0002$，$RI = 0.9$，$CR = 0.00002 < 0.1$。

$C_1 - Q$ 判断矩阵及层次单排序结果如表 8-6 所示。

表 8-6　$C_1 - Q$ 判断矩阵及层次单排序结果

C_1	Q_1	Q_2	Q_3	Q_4	Q_5	Q_6	W_1
Q_1	1	1/2.3	1/2.6	1/1	1/3	1/1.5	0.0877
Q_2		1	2.3/2.6	2.3	2.3/3	2.3/1.5	0.2018
Q_3			1	2.6	2.6/3	2.6/1.5	0.2281
Q_4				1	1/3	1/1.5	0.0877
Q_5					1	3/1.5	0.2632
Q_6						1	0.1316

注：$\lambda_{max} = 6$，$CI = 0$，$RI = 1.24$，$CR = 0 < 0.1$。

$C_2 - Q$ 判断矩阵及层次单排序结果如表 8-7 所示。

表 8-7　$C_2 - Q$ 判断矩阵及层次单排序结果

C_2	Q_7	Q_8	Q_9	Q_{10}	Q_{11}	Q_{12}	Q_{13}	Q_{14}	Q_{15}	W_2
Q_7	1	2.6	2.6/1.6	2.6/2.1	2.6/2.2	2.6/5	2.6/1.5	2.6/2	2.6/1.5	0.1333
Q_8		1	1/1.6	1/2.1	1/2.2	1/5	1/1.5	1/2	1/1.5	0.0513
Q_9			1	1.6/2.1	1.6/2.2	1.6/5	1.6/1.5	1.6/2	1.6/1.5	0.0821
Q_{10}				1	2.1/2.2	2.1/5	2.1/1.5	2.1/2	2.1/1.5	0.1077
Q_{11}					1	2.2/5	2.2/1.5	2.2/2	2.2/1.5	0.1128
Q_{12}						1	5/1.5	5/2	5/1.5	0.2564
Q_{13}							1	1.5/2	1.5/1.5	0.0769
Q_{14}								1	2/1.5	0.1026
Q_{15}									1	0.0769

注：$\lambda_{max} = 9$，$CI = 0$，$RI = 1.45$，$CR = 0 < 0.1$。

$C_3 - Q$ 判断矩阵及层次单排序结果如表 8-8 所示。

表 8-8 $C_3 - Q$ 判断矩阵及层次单排序结果

C_3	Q_{16}	Q_{17}	Q_{18}	Q_{19}	Q_{20}	Q_{21}	Q_{21}	W_3
Q_{16}	1	4/2.2	4/1	4/1	4/1	4/1	4/2	0.3279
Q_{17}		1	2.2	2.2	2.2	2.2	2.2/2	0.1803
Q_{18}			1	1/1	1/1	1/1	1/2	0.0820
Q_{19}				1	1/1	1/1	1/2	0.0820
Q_{20}					1	1/1	1/2	0.0820
Q_{21}						1	1/2	0.0820
Q_{22}							1	0.1639

注：$\lambda_{max} = 7$，$CI = 0$，$RI = 1.32$，$CR = 0 < 0.1$。

$C_4 - Q$ 判断矩阵及层次单排序结果如表 8-9 所示。

表 8-9 $C_4 - Q$ 判断矩阵及层次单排序结果

C_4	Q_{23}	Q_{24}	Q_{25}	Q_{26}	Q_{27}	Q_{28}	W_4
Q_{23}	1	3.6/2	3.6/1.7	3.6/3	3.6/3	3.6/1.5	0.2432
Q_{24}		1	2/1.7	2/3	2/3	2/1.5	0.1351
Q_{25}			1	1.7/3	1.7/3	1.7/1.5	0.1149
Q_{26}				1	3/3	3/1.5	0.2027
Q_{27}					1	3/1.5	0.2027
Q_{28}						1	0.1014

注：$\lambda_{max} = 6$，$CI = 0$，$RI = 1.24$，$CR = 0 < 0.1$。

B 层次总排序

根据以上层次单排序的结果，经过总排序计算和一致性检验，得到指标层（Q）的层次总排序结果（表 8-10）。

表 8-10 指标层（Q）的层次总排序结果

A	C_1	C_4	C_2	C_3	$W_{总}$
	0.2955	0.2505	0.2480	0.2060	1.0000
Q_5	0.2632				0.0778
Q_{16}				0.3279	0.0675
Q_3	0.2281				0.0674

A	C_1	C_4	C_2	C_3	$W_总$
Q_{12}			0.2564		0.0636
Q_{23}		0.2432			0.0609
Q_2	0.2018				0.0596
Q_{27}		0.2027			0.0508
Q_{26}		0.2027			0.0508
Q_6	0.1316				0.0389
Q_{17}				0.1803	0.0371
Q_{24}		0.1351			0.0339
Q_{22}				0.1639	0.0338
Q_7			0.1333		0.0331
Q_{25}		0.1149			0.0288
Q_{11}			0.1128		0.0280
Q_{10}			0.1077		0.0267
Q_1	0.0877				0.0259
Q_4	0.0877				0.0259
Q_{14}			0.1026		0.0254
Q_{28}		0.1014			0.0254
Q_9			0.0821		0.0203
Q_{13}			0.0769		0.0191
Q_{15}			0.0769		0.0191
Q_{20}				0.0820	0.0169
Q_{19}				0.0820	0.0169
Q_{18}				0.0820	0.0169
Q_{21}				0.0820	0.0169
Q_8			0.0513		0.0127

8.2.3.3　基本结论

综合上述计算过程，可以得出如下两点基本结论：

（1）从准则层 C 的排序结果来看，影响西南岩溶山区地下水资源可持续性的准则应该是，首先考虑西南岩溶山区地下水资源条件；其次考虑西南岩溶山区生态环境条件；第三考虑西南岩溶山区地下水资源开发利用条件；最后考虑西南岩溶山区社会经济条件。

（2）从指标层 Q 的排序结果来看，影响西南岩溶山区地下水资源可持续性指标选择的优先顺序是：Q_5（地下水径流模数）$> Q_{16}$（人口密度）$> Q_3$（年蒸发量）$> Q_{12}$（生活用水比例）$> Q_{23}$（地下水矿化度）$> Q_2$（年降水量）$> Q_{27}$（岩溶发育强度）$\geq Q_{26}$（水质综合达标率）$> Q_6$（干旱指数）$> Q_{17}$（人口自然增长率）$> Q_{24}$（石漠化率）$> Q_{22}$（平均人口预期寿命）$> Q_7$（地下水资源开发利用率）$> Q_{25}$（森林覆盖率）$> Q_{11}$（工业用水比例）$> Q_{10}$（饮用水困难人口比例）$> Q_1$（产水模数）$\geq Q_4$（人均地下水资源占有量）$> Q_{14}$（自来水普及率）$\geq Q_{28}$（覆盖层厚度）$> Q_9$（地下水可开采资源模数）$> Q_{13}$（地下水开发难度系数）$\geq Q_{15}$（地形坡度）$> Q_{20}$（城镇人均收入）$\geq Q_{19}$（农民人均收入）$\geq Q_{18}$（城镇人口比例）$\geq Q_{21}$（人均 GDP）$> Q_8$（人均用水量）。

8.3 集对分析决策

8.3.1 问题的提出

我国学者赵克勤于 1989 年提出一种新的度量不确定性方法，即集对分析理论。该理论把对客观事物的确定性测度与不确定性测度作为一个系统进行分析，从而整体地处理由模糊、随机等不确定性所导致的混合不确定性问题。近些年来在自然科学与社会科学的众多领域得到广泛应用，作为现代数学的一个新分支，集对分析仍处在发展之中。本节将结合有关实例，介绍和讨论集对分析在地理研究中的应用问题。

8.3.2 原理与计算方法

集对分析原理：在一定的问题背景下，对集对中 2 个集合的确定性与不确定性以及确定性与不确定性的相互作用所进行的一种系统和数学分析，这种分析一般通过建立所论 2 个集合的联系数进行。其计算步骤如下：

（1）决策问题的描述与决策矩阵的构建。

经过对决策问题的描述，包括构建决策指标体系，对个指标的数据进行采集，形成可以规范化分析的多属性决策矩阵。

设有 n 个决策指标 $X_j(1 \leq j \leq n)$，m 个决策方案 $Y_i(1 \leq i \leq m)$，m 个方案 n 个指标构成的矩阵：

$$
\begin{array}{c}
\begin{array}{cccccc}
\quad X_1 & X_2 & \cdots & X_j & \cdots & X_n
\end{array} \\
\begin{array}{c}
Y_1 \\
Y_2 \\
\vdots \\
Y_i \\
\vdots \\
Y_m
\end{array}
\begin{pmatrix}
p_{1,1} & p_{1,2} & \cdots & p_{1,j} & \cdots & p_{1,n} \\
p_{2,1} & p_{2,2} & \cdots & p_{2,j} & \cdots & p_{2,n} \\
\vdots & \vdots & & \vdots & & \vdots \\
p_{i,1} & p_{i,2} & \cdots & p_{i,j} & \cdots & p_{i,n} \\
\vdots & \vdots & & \vdots & & \vdots \\
p_{m,1} & p_{m,2} & \cdots & p_{m,j} & \cdots & p_{m,n}
\end{pmatrix}
\end{array} \tag{8-20}
$$

矩阵（8-20）称为决策矩阵，决策矩阵是规范性分析的基础。

决策指标分三类：效益型（正向）指标，数值越大越好；成本性指标（逆向指标），数值越小越好；固定型指标，越接近某一理想值 β 越好。

（2）决策指标的标准化。决策指标体系中各指标均有不同的量纲，有定量和定性，指标之间无法直接进行比较。这就需要将不同量纲的指标，通过适当的变化，转化为无量纲的标准化指标，称为决策指标的标准化。

（3）决策指标权重的确定。决策问题的难点在于目标间的矛盾性和个目标的属性的不可公度性。不可公度性通过决策矩阵的标准化处理得到部分解决；目标间的矛盾性需要通过计算各决策指标的权重来解决。决定权重的方法有两大类：

1）主观赋权法：依据主观经验和判断，用某种方法测定属性指标的权重；

2）客观赋权法：依据决策矩阵提供的评价指标的客观信息，用某种方法测定属性指标的权重。

两种方法各有利弊，实验应用时可灵活选择，也可以两类方法结合使用。

（4）集合中决策因子联系度的计算。设备选方案为 C，将备选方案 C 的第 j 个因子量化值即为 b_j，则 C 与决策方案 Y_i 构建 m 对集合，逐一找出每对集合共有的特性、对立的特征，即统一度和差异度。

$$u_{ij} = \frac{p_{ij}}{b_j} + \frac{p_{ij} - b_j}{b_j}j \tag{8-21}$$

式中，μ_{ij} 为第 i 个决策方案与备选方案 C 构成的集合中第 j 个决策因子的联系度；比值 p_{ij}/b_j 称为同一度；比值 $(p_{ij} - b_j)/b_j$ 称为差异度。

（5）同异反距离的计算。

$$D_i = \sqrt{\left(\sum_{j=1}^{n} \frac{w_j p_{ij}}{b_j}\right)^2 + \left(\sum_{j=1}^{n} w_j \frac{p_{ij} - b_j}{b_j}\right)^2} \tag{8-22}$$

式中，D_i 为决策方案 Y_i 与备选方案的同异反距离；w_j 为各个决策指标的权重。

8.3.3   应用实例

上一节主要介绍了集对分析方法的基本原理、计算方法及步骤，本节将以集对分析的市场比较法评估房产价格研究为例，介绍集对分析方法的具体应用，供学者参考。

市场比较法是房产估价中使用最广泛的方法，但其估价过程中，存在诸多不确定性因素，如房产可比交易实例的选择、区域因素及个别因素修正、比准价格计算等方面主要依赖估价人员的经验，带有很大主观性，使得估价结果缺乏可信性和公信力。为提高房产估价的可信度，笔者引入集对分析模型和 GIS 技术，一定程度上改善市场比较法以往的不确定性和提高了因子量化的准确性，构建了一种新型的房产市场比较法估价模型，有望改善市场比较法的不确定性问题。

8.3.3.1   决策问题的描述与决策矩阵的构建

一般认为影响房产价格的因素可分为两类，一是房产所在的区域性特征，包括城市交通情况、距市中心的距离、生活配套、自然环境等对房产价格的影响；另一方面指房产的具体特征对房产价格的影响，包括建筑物设施设备、成新率、户型、朝向、楼层等。据此，总计 15 个影响房价因子：到 CBD 距离、交通便捷度、教育配套、文体设施、生活配套、自然环境、建筑设施设备、成新率、户型、朝向、楼层、小区环境、物业管理、通风采光和装修情况。然后将采集的交易案例和待估房产的 15 个房价因子构建决策矩阵，见式（8-23）。

$$
\begin{array}{c}
\begin{array}{cccccc}
X_1 & X_2 & \cdots & X_j & \cdots & X_{15}
\end{array} \\
\begin{array}{c}
Y_1 \\
Y_2 \\
\vdots \\
Y_i \\
\vdots \\
Y_m
\end{array}
\begin{array}{cccccc}
p_{1,1} & p_{1,2} & \cdots & p_{1,j} & \cdots & p_{1,15} \\
p_{2,1} & p_{2,2} & \cdots & p_{2,j} & \cdots & p_{2,15} \\
\vdots & \vdots & \vdots & \vdots & & \vdots \\
p_{i,1} & p_{i,2} & \cdots & p_{i,j} & \cdots & p_{i,15} \\
\vdots & \vdots & \vdots & \vdots & & \vdots \\
p_{m,1} & p_{m,2} & \cdots & p_{m,j} & \cdots & p_{m,15}
\end{array}
\end{array}
\tag{8-23}
$$

式中，$Y_i(i=1,2,\cdots,m)$ 表示第 i 个可比交易案例；$X_j(j=1,2,\cdots,15)$ 表示第 j 个房产价格影响因子。

8.3.3.2　房价指标的标准化

15 个影响房价因子具有不同量纲，需要一一量化。该因子包括正向指标、逆向指标和固定型指标 3 类，直接对其进行标准化。利用 GIS 技术筛选出符合要求的 5 个周边房产交易案例，将其与待估房产按量化后的数值见表 8-11。

表 8-11　房产交易案例与待估房产指标量化值

项目	X_1	X_2	X_3	X_4	X_5	X_6	X_7	X_8	X_9	X_{10}	X_{11}	X_{12}	X_{13}	X_{14}	X_{15}
Y_1	8	3	3	2	5	3	2	5	3	3	4	4	3	2	5
Y_2	5	3	5	3	4	5	4	3	3	5	4	5	5	5	5
Y_3	7	4	4	3	4	3	3	5	3	5	3	5	4	4	4
Y_4	8	2	3	4	4	4	3	5	3	5	4	4	3	3	3
Y_5	7	4	3	5	4	4	3	5	4	5	3	5	5	3	5
Y_6	10	3	4	3	4	5	5	5	3	4	3	4	5	4	5

注：$X_1 \sim X_{15}$ 分别为房产价格因子：到 CBD 距离、交通便捷度、教育配套、文体设施、生活配套、自然环境、建筑设施设备、成新率、户型、朝向、楼层、小区环境、物业管理、通风采光和装修情况。Y_1 为待估房产，$Y_2 \sim Y_6$ 为交易案例。

8.3.3.3　房价因子权重的确定

本实例选择熵权法计算各个房价因子权重，其计算步骤如下：

（1）计算第 i 个可比交易案例下（利用 GIS 技术筛选的 5 个可比交易案例）的第 j 个房价因子的比重 P_{ij}。

$$
P_{ij} = p_{i,j} \bigg/ \sum_{i=1}^{6} p_{i,j}
\tag{8-24}
$$

（2）计算第 j 个房价因子的熵值 E_j。

$$E_j = (-1/\ln6) \sum_{i=1}^{6} P_{ij} \ln P_{ij} \tag{8-25}$$

（3）计算第 j 个房价因子的熵权 W_j。

$$W_j = (1 - E_j) \Big/ \sum_{j=1}^{15} (1 - E_j) \tag{8-26}$$

（4）对 15 个房价因子求权重，并归一化，得到 P_1、P_2、$\cdots$、P_{15} 对应的权重向量。

$$W = (W_1, W_2, \cdots, W_{15}) \tag{8-27}$$

将量化数据代入上述公式，计算的房价因子权重，结果如表 8-12 所示。

表 8-12　交易案例与待估房产的 15 个房价因子权重

项目	X_1	X_2	X_3	X_4	X_5	X_6	X_7	X_8
权重	0.0667	0.0665	0.0667	0.0656	0.0675	0.0667	0.0652	0.0669

项目	X_9	X_{10}	X_{11}	X_{12}	X_{13}	X_{14}	X_{15}	
权重	0.0674	0.0669	0.0672	0.0675	0.0665	0.0657	0.0669	

8.3.3.4　交易案例与待估房产的房价因子联系度

将量化数据，依据式（8-21），可计算出交易案例与待估房产的房价因子联系度。如：交易案例 Y_2 与待估房产 Y_1 的房价因子联系度分别为（从 $X_1 \sim X_{15}$）：$0.625 - 0.375i$、1、$1.66667 + 0.666667i$、$1.5 + 0.5i$、$0.8 - 0.2i$、1、$2 + 1i$、$0.6 - 0.4i$、1、$1.66667 + 0.666667i$、1、$1.25 + 0.25i$、$1.66667 + 0.666667i$、$2.5 + 0.5i$、1。交易案例 Y_3、Y_4、Y_5、Y_6 与 Y_1 的房价因子联系度也可依据式（8-21）分别求出。

8.3.3.5　同异反距离

依据上一步骤计算的同一度、差异度数据，代入公式，可计算出交易案例 Y_2、Y_3、Y_4、Y_5、Y_6 的同异反距离，见表 8-13。

表 8-13　交易案例 Y_2、Y_3、Y_4、Y_5、Y_6 的同异反距离

项目	Y_2	Y_3	Y_4	Y_5	Y_6
ρ_j	1.312018415	1.301186191	1.143408619	1.331536465	1.353320364

8.3.3.6　待估房产价格的估算

对待估房产价格的估算依据如下公式：

$$P = \sum_{j=1}^{5} \frac{P_j}{\rho_j} \Big/ \sum_{j=1}^{5} \frac{1}{\rho_j} \tag{8-28}$$

式中，ρ_j 为同异反距离；P_j 为经实践修正后的房产交易案例价格；P 为待估房产价格。将上述计算数值代入公式，可计算得到该待估房产价格。

将表（8-13）中的交易案例 Y_2、Y_3、Y_4、Y_5、Y_6 的同异反距离及相应的交易案例成交价格代入式（8-28）中，可计算出待估房产价格。其中交易案例 Y_2、Y_3、Y_4、Y_5、Y_6 的成交价格分别为：5814 元/m²、7364 元/m²、6110 元/m²、6569 元/m²、7529 元/m²，计算出待估房产 Y_1 为 6662 元/m²。该待估房产 Y_1 面积为 135m²，最终估算出该待估房产 Y_1 的价格为 899370 元。

8.4 多属性分析决策

8.4.1 问题的提出

多属性决策也称为有限方案多目标决策，是决策者对于有限个方案集，通过一组属性来衡量和判断每个方案的属性值，然后采用某种决策准则对每个方案进行比较，从而达到对所有方案进行综合评定的目的。多属性决策是现代决策科学的一个重要组成部分，其理论和方法广泛应用于工程、经济、管理和军事等领域，几十年来一直是人们研究的热点。目前其已发展了许多较好的方法，包括：简单线性加权法、线性加权法、理想点法（TOPSIS 法）、VIKOR 模型、层次分析法、ELECTRE 法、PROMETHEE 法等。本节将选择多属性决策方法中的 VIKOR 模型为例，结合有关实例，介绍和讨论多属性决策在地理研究中的应用问题。

8.4.2 原理与计算方法

VIKOR 模型原理：通过构造多属性问题的理想解（设想各指标属性都达到最满意值的解）和负理想解（设想各指标属性都达到最不满意值的解），根据评价指标来评估各决策方案指标值与理想方案的接近程度，越接近正理性解的方案排序越靠前，被认为是越理想的方案。其计算步骤如下：

（1）决策问题的描述与决策矩阵的构建。经过对决策问题的描述，包括构建决策指标体系，对个指标的数据进行采集，形成可以规范化分析的多属性决策矩阵。

设有 n 个决策指标 $X_j(1 \leqslant j \leqslant n)$，$m$ 个决策方案 $Y_i(1 \leqslant i \leqslant m)$，$m$ 个方案 n 个指标构成的矩阵：

$$
\begin{array}{c@{\quad}ccccccc}
 & X_1 & X_2 & \cdots & X_j & \cdots & X_n \\
Y_1 & p_{1,1} & p_{1,2} & \cdots & p_{1,j} & \cdots & p_{1,n} \\
Y_2 & p_{2,1} & p_{2,2} & \cdots & p_{2,j} & \cdots & p_{2,n} \\
\vdots & \vdots & \vdots & \vdots & \vdots & & \vdots \\
Y_i & p_{i,1} & p_{i,2} & \cdots & p_{i,j} & \cdots & p_{i,n} \\
\vdots & \vdots & \vdots & \vdots & \vdots & & \vdots \\
Y_m & p_{m,1} & p_{m,2} & \cdots & p_{m,j} & \cdots & p_{m,n}
\end{array}
\tag{8-29}
$$

矩阵（8-29）称为决策矩阵，决策矩阵是规范性分析的基础。

决策指标分三类：效益型（正向）指标，数值越大越好；成本性指标（逆向指标），数值越小越好；固定型指标，越接近某一理想值 β 越好。

（2）决策指标的标准化。将不同量纲的指标，通过适当的变化，转化为无量纲的标准化指标。

（3）决策指标权重的确定。选择权重计算方法，计算各个决策指标的权重。

（4）决策因子正理想解和负理想解的计算。

$$f_i^* = (\max_i f_{ij}) \tag{8-30}$$

$$f_i^- = (\min_i f_{ij}) \tag{8-31}$$

式中，i 为某决策方案；j 为决策方案的因子；f_{ij} 为第 i 个决策方案或备选方案的第 j 个决策因子的标准化变量；f_i^* 和 f_i^- 分别为第 j 个决策因子的正理想解和负理想解。

（5）决策方案的加权海明距离 S_i 和加权切比雪夫距离 R_i 值的求解

$$S_i = \sum_j^n W_j (f_j^* - f_{ij}) / (f_j^* - f_j^-) \tag{8-32}$$

$$R_i = \max_i [W_j (f_j^* - f_{ij}) / (f_j^* - f_j^-)] \tag{8-33}$$

式中，W_j 是表示第 j 个决策因子的权重。

（6）利益比率 Q 值的计算。

$$Q_i = \frac{v (S_i - S^*)}{S^- - S^*} + (1 - v) \frac{(R_i - R^*)}{R^- - R^*} \tag{8-34}$$

式中，$S^* = \min_i S_i$，表示群体效用最大的解，它表示的是多数决策规则；$S^- = \max_i S_i$；$R^* = \min_i R_i$ 表示将反对者的个人遗憾最小化的解；$R^- = \max_i R_i$，v 为最大化群体效用决策机制系数。当 v 值大于 0.5 时，表示决策中注重最大化群体效用；当 v 值小于 0.5，则表示决策中注重反对者的个人遗憾；当 v 取值为 0.5 时，同时考虑最大化群体效用和最小化个别遗憾，得到相互妥协的结果。

（7）对决策方案组成的评价对象进行排序。依据利益比率 Q 值结果，进行决策方案间组成的评价对象排序，排序结果受可接受的优势阈值条件和可接受的决策可靠性条件约束，约束条件如下：

条件 1：对值进行排序时，要满足可接受的优势阈值，保证评价对象之间的显著性强。即 $Q^a - Q^b \geq \frac{1}{(J-1)}, (a > b)$，其中 Q^a、Q^b 表示对评价对象的 Q_i 值排序后排序第 a、b 位利益比率 Q 值，J 表示所有评价对象个数。该条件满足时，才能确定排序第 m 的评价对象显著高于排序第 n 的评价对象。

条件 2：对 Q_i 值进行排序时，要满足可接受的评价结果可靠性条件，保证评价结果更加可靠。也就是评价对象排序第 a 的 S_i 值须同时大于排序第 b 的评价对象 S_i 值，即 $S^a > S^b$，或评价对象排序第 a 的 R_i 值须同时大于排序第 b 的 R_i 值，即 $R^a > R^b$。

8.4.3　应用实例

上一节主要介绍了 VIKOR 模型的基本原理、计算方法及步骤，本节将结合基于 VIKOR

模型的房产价格评估实例介绍 VIKOR 模型在解决地理学相关问题的应用，供学者参考。

房产税在沪渝两地先行先试满三年，试点效果争议不断。目前，沪渝两地的房产税征收办法都明确暂以房产交易价格作为应税价值，待条件成熟时按照评估价值征税。因此，科学、准确地评估房产价值非常重要，将为未来我国房地产税收制度的改革指引方向。

VIKOR 模型在多属性决策中，对样本数据依赖性不强，属于多属性决策经典方法之一。将 GIS 技术应用于房产价格的影响因子的提取和量化方面，能够极大改善因子量化的准确性。因此，笔者结合 GIS 技术和 VIKOR 模型，构建一种新型房产估价模型，能够为房地产税制改革提供技术支持。

（1）决策问题的描述与决策矩阵的构建。采用市场比较法估算房产价格，因此需要确定影响房产价格指标因子。目前确定总计 15 个影响房价因子，包括到 CBD 距离、交通便捷度、教育配套、文体设施、生活配套、自然环境、建筑设施设备、成新率、户型、朝向、楼层、小区环境、物业管理、通风采光和装修情况等。将采集的交易案例和待估房产的 15 个房价因子构建决策矩阵，如式（8-35）。

$$
\begin{array}{c}
\begin{array}{cccccc}
X_1 & X_2 & \cdots & X_j & \cdots & X_{15}
\end{array}\\
\begin{array}{c}
Y_1\\
Y_2\\
\vdots\\
Y_i\\
\vdots\\
Y_m
\end{array}
\begin{bmatrix}
p_{1,1} & p_{1,2} & \cdots & p_{1,j} & \cdots & p_{1,15}\\
p_{2,1} & p_{2,2} & \cdots & p_{2,j} & \cdots & p_{2,15}\\
\vdots & \vdots & \vdots & \vdots & & \vdots\\
p_{i,1} & p_{i,2} & \cdots & p_{i,j} & \cdots & p_{i,15}\\
\vdots & \vdots & \vdots & \vdots & & \vdots\\
p_{m,1} & p_{m,2} & \cdots & p_{m,j} & \cdots & p_{m,15}
\end{bmatrix}
\end{array}
\tag{8-35}
$$

式中，$Y_i(i=1,2,\cdots,m)$ 表示第 i 个可比交易案例；$X_j(j=1,2,\cdots,15)$ 表示第 j 个房产价格影响因子。

（2）房价指标的标准化。15 个影响房价因子具有不同量纲，需要一一量化。该因子包括正向指标、逆向指标和固定型指标 3 类，直接对其进行标准化。利用 *GIS* 技术筛选出符合要求的 5 个周边房产交易案例，将其与待估房产标准化后的数值见表 8-14。

表 8-14 15 个房产交易案例与待估房产指标量化值

项目	X_1	X_2	X_3	X_4	X_5	X_6	X_7	X_8	X_9	X_{10}	X_{11}	X_{12}	X_{13}	X_{14}	X_{15}
Y_1	8	3	3	2	5	3	2	5	3	3	4	4	3	2	5
Y_2	5	3	3	3	4	3	4	3	3	5	3	5	5	3	5
Y_3	7	4	4	3	5	3	5	4	3	5	3	5	5	4	4
Y_4	8	2	3	4	4	3	3	4	3	5	4	3	4	3	3
Y_5	7	4	3	5	4	4	3	4	4	5	3	5	5	3	5
Y_6	10	3	4	3	4	5	5	5	3	4	3	4	5	4	5

注：$X_1 \sim X_{15}$ 分别为房产价格因子：到 CBD 距离、交通便捷度、教育配套、文体设施、生活配套、自然环境、建筑设施设备、成新率、户型、朝向、楼层、小区环境、物业管理、通风采光和装修情况。Y_1 为待估房产，$Y_2 \sim Y_6$ 为交易案例。

（3）房价因子权重的确定。本实例选择熵权法计算各个房价因子权重，将数据代入式（8-24）~ 式（8-27）计算房价因子权重见表 8-15。

表 8-15　交易案例与待估房产的 15 个房价因子权重

项目	X_1	X_2	X_3	X_4	X_5	X_6	X_7	X_8
权重	0.0667	0.0665	0.0667	0.0656	0.0675	0.0667	0.0652	0.0669
项目	X_9	X_{10}	X_{11}	X_{12}	X_{13}	X_{14}	X_{15}	
权重	0.0674	0.0669	0.0672	0.0675	0.0665	0.0657	0.0669	

（4）房价因子正理想解和负理想解。将量化表中的数据代入式（8-30）与式（8-31），可计算得到正理想解和负理想解，见表 8-16。

表 8-16　房产交易案例与待估房产的正理想解与负理想解

项目	X_1	X_2	X_3	X_4	X_5	X_6	X_7	X_8	X_9	X_{10}	X_{11}	X_{12}	X_{13}	X_{14}	X_{15}
f_i^*	10	4	5	5	5	5	5	5	4	5	4	5	5	5	5
f_i^-	5	2	3	2	4	3	2	3	3	3	3	4	3	2	3

注：f_i^* 和 f_i^- 分别为房产交易案例或待估房产第 j 个房价因子的理想解和负理想解。

（5）房价因子的加权海明距离 S_i 和加权切比雪夫距离 R_i 值。将上述计算的权重与正负理想解数据代入式（8-32）和式（8-33），可分别计算出待估房产 Y_1 和房产交易案例 Y_2、Y_3、Y_4、Y_5、Y_6 的加权海明距离 S_i 和加权切比雪夫距离 R_i 值，结果见表 8-17。

表 8-17　待估房产 Y_1 及房产交易案例 Y_2、Y_3、Y_4、Y_5、Y_6 的加权海明距离和切比雪夫距离

项目	Y_1	Y_2	Y_3	Y_4	Y_5	Y_6
S_i	0.658157794	0.433969608	0.440567397	0.638127202	0.362038699	0.435319648
R_i	0.067458588	0.067480784	0.067441451	0.067480784	0.067480784	0.067480784

（6）利益比率 Q 值。结合表 8-17 数据与式（8-34），并选择最大化群体效用决策机制系数 v 取值为 0.7，可计算出待估房产 Y_1 和交易案例 Y_2、Y_3、Y_4、Y_5、Y_6 的利益比率 Q 值，见表 8-18。

表 8-18　待估房产 Y_1 及房产交易案例 Y_2、Y_3、Y_4、Y_5、Y_6 的利益比率 Q 值

项目	Y_1	Y_2	Y_3	Y_4	Y_5	Y_6
Q	0.8307	0.4700	0.1856	0.9526	0.3	0.4732
排序	2	4	6	1	5	3

（7）评价对象排序。依据计算出利益比率 Q 值，对排序结果分别进行可接受的优势

阈值条件和可接受的决策可靠性条件判断，均符合要求，因此保留表 8-18 排序结果。

（8）待估房产价格估算。构建利益比率房产交易价格与利益比率 Q 值的函数关系，对待估房产进行插值。结合表 8-18 排序结果可知，选择交易案例 Y_4 和 Y_6 构建函数。其中交易案例 Y_4 和 Y_6 成交价格分别为：6110 元/m^2、7529 元/m^2。函数插值后，可计算出待估房产 Y_1 价格为 6471 元/m^2。该待估房产 Y_1 面积为 135 元/m^2，最终估算出该待估房产 Y_1 的价格为 873585 元。

思考与练习题

1. AHP 决策分析方法的基本思路和计算方法是什么？主要用来解决哪类地理学问题？
2. 采用 AHP 决策分析方法，结合你所在区域特点，制定一个区域旅游开发的决策方案。
3. 在 AHP 决策分析中，为什么要进行一致性检验？
4. AHP 决策分析方法有何优缺点，实际应用中如何克服其缺点？
5. 集对分析方法的理论依据是什么？举例说明其在地理学中的应用。
6. 多属性决策分析方法的理论依据是什么？举例说明其在地理学中的应用。
7. 比较 AHP 决策分析方法、集对分析方法、多属性决策分析方法各自的区别并分析各自所适合的地理问题。
8. 对于如下判断矩阵

$$B = \begin{bmatrix} 1 & 1/2 & 4 & 3 \\ 2 & 1 & 7 & 5 \\ 1/4 & 1/7 & 1 & 1/2 \\ 1/3 & 1/5 & 2 & 1 \end{bmatrix}$$

分别采用和积法和方根法近似计算最大特征根及其对应的特征向量，并判断该矩阵是否具有一致性。

9 非线性建模方法

地理现象或地理问题，它们往往是多因素共同作用的结果且它们并不是线性关系，这些现象或问题只有非线性的理论或方法才能够描述与分析，然而非线性的理论与方法尚在发展中，目前并没有一套完备的方法体系能够描述与分析现实中所有的非线性问题，对于庞大而复杂的地理现象与问题而言，只能根据具体情况具体分析。本章将结合具体实例对目前应用比较广泛且为热点的非线性方法进行介绍。

9.1 BP 神经网络建模方法

人工神经网络技术的思想最初是由 William James 在 1890 年写的一本名为《心理学》的书中提出的，在经历了一个多世纪的不断发展，人工神经网络技术已经在电力、化工、水利、医疗、教育、模式识别、图像处理、资源与环境以及自然灾害等众多领域都得到广泛的应用。人工神经网络实质上是人们在对人体大脑神经元细胞的结构和工作原理的理解基础上对其模拟、抽象和简化而成的一种能够进行分布式并行处理数据信息的数学算法模型。

人工神经网络具有四个基本特征：

（1）非线性。非线性关系是自然界的普遍特性。大脑的智慧就是一种非线性现象。人工神经元处于激活或抑制二种不同的状态，这种行为在数学上表现为一种非线性关系。具有阈值的神经元构成的网络具有更好的性能，可以提高容错性和存储容量。

（2）非局限性。一个神经网络通常由多个神经元广泛连接而成。一个系统的整体行为不仅取决于单个神经元的特征，而且可能主要由单元之间的相互作用、相互连接所决定。通过单元之间的大量连接模拟大脑的非局限性。联想记忆是非局限性的典型例子。

（3）非常定性。人工神经网络具有自适应、自组织、自学习能力。神经网络不但处理的信息可以有各种变化，而且在处理信息的同时，非线性动力系统本身也在不断变化。经常采用迭代过程描写动力系统的演化过程。

（4）非凸性。一个系统的演化方向，在一定条件下将取决于某个特定的状态函数。例如能量函数，它的极值相应于系统比较稳定的状态。非凸性是指这种函数有多个极值，故系统具有多个较稳定的平衡态，这将导致系统演化的多样性。

人工神经网络模型主要考虑网络连接的拓扑结构、神经元的特征、学习规则等。目前，已有近 40 种神经网络模型，其中有 BP 神经网络、传网络、感知器、自组织映射、Hopfield 网络、波耳兹曼机、适应谐振理论等。其中，BP 神经网络具有任意复杂的模式分类能力和优良的多维函数映射能力，解决了简单感知器不能解决的异或和一些其他问题，得到较为广泛的应用。

9.1.1 问题的提出

Rumelhart 和 McClelland 的工作小组 PDP 于 1985 年在研究并行分布式数据处理问题的时候，解决了"亦或"逻辑运算等一些传统前馈网络学习算法无法解决的问题提出了 BP（即误差反传训练算法，Back Propagation Training Algorithm 的缩写）神经网络算法。

BP 神经网络算法（简称 BP 算法）采用的是梯度下降法的原理对神经进行训练，它是一类有导师指导学习的训练算法。BP 算法的训练过程实质上包含了对工作信号的正向传播和对误差信号的反向传播两个过程，其基本原理是：当 BP 算法在对工作信息进行正向传播时，样本数据通过输入层神经元进入到训练的网络中，然后经过逐个隐含层函数的计算，将结果送入到输出层神经元，在输出层中将计算结果与期望值进行比较，如果实际输出与期望输出间有一定的差异，那么就将所存在的误差值在输出层中计算出来，然后网络训练便转向到对误差信号的反向传播过程；在反向传播的过程中，误差值由输出层开始以与正向传播相反的方向逐层对连接权值和阀值进行调整，以此来减小输出层的计算误差，最后误差信息返回到输入层。

在整个算法对样本数据的训练过程中，无论是正向传播还是反向传播，每个神经元的状态只受其上一层神经元的影响，因此，BP 算法在对输出误差进行调整时，是先调整输出层与隐含层间的连接权值与阀值，而后再调整隐含层之间以及隐含层与输入层的连接权值与阀值，它是逐层进行反向误差调整的，这就是 BP 算法训练的特点。BP 算法的训练过程需要进行多次迭代运算，直到误差达到允许的误差范围之内为止。如图 9-1 所示为 BP 神经网络的基本结构以及算法的训练过程。

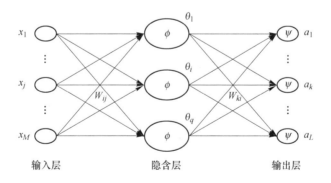

图 9-1 BP 神经网络基本结构以及算法的训练过程

x_j 表示输入层第 i 个节点的输入，$j=1$，…，M；

w_{ij} 表示隐含层第 i 个节点到输入层第 j 个节点之间的权值；

θ_i 表示隐含层第 i 个节点的阈值；

$\varphi(x)$ 表示隐含层的激励函数；

ω_{ki} 表示输出层第 k 个节点到隐含层第 i 个节点之间的权值，$i=1$，…，q；

a_k 表示输出层第 k 个节点的阈值，$k=1$，…，L；

$\psi(x)$ 表示输出层的激励函数;

O_k 表示输出层第 k 个节点的输出。

9.1.2　原理与方法

BP 网络模型处理信息的基本原理是：输入信号 X_j 通过中间节点（隐层点）作用于输出节点，经过非线形变换，产生输出信号 O_k，网络训练的每个样本包括输入向量 X 和期望输出量 t，网络输出值 O 与期望输出值 t 之间的偏差，通过调整输入节点与隐层节点的联接强度取值 W_{ij} 和隐层节点与输出节点之间的联接强度 W_{ki} 以及阈值，使误差沿梯度方向下降，经过反复学习训练，确定与最小误差相对应的网络参数（权值和阈值），训练即告停止。此时经过训练的神经网络即能对类似样本的输入信息，自行处理输出误差最小的经过非线形转换的信息。

9.1.2.1　训练网络

输入值的传播过程中隐含层第 i 个节点的输入值为 Ni，根据网络初始化的权值和阈值可以计算出隐含层的输入值如式（9-1）所示。

$$N_i = \sum_{j=1}^{M} W_{ij} * x_i + \theta_i \tag{9-1}$$

激活函数选择 Sigmoid 函数如式（9-2）所示。

$$\varphi(N_i) = \frac{1}{1 + e^{-N_i}} \tag{9-2}$$

根据隐含层激活函数可以利用输入值和输入层与隐含层的连接权值可以计算出隐含层第 i 个节点的输出 y_i 以及输出层第 k 个节点的输入 N_k，如式（9-3）所示。

$$y_i = \varphi(N_i) = \varphi\left(\sum_{j=1}^{M} W_{ij} * x_i + \theta_i\right) \tag{9-3}$$

输出层第 k 个节点的输入 N_k，如式（9-4）所示。

$$N_k = \sum_{i=1}^{q} W_{ki} * y_i + a_k = \sum_{i=1}^{q} W_{ki}\varphi\left(\sum_{j=1}^{M} W_{ij} * x_i + \theta_i\right) + a_k \tag{9-4}$$

输出层第 k 个节点的输出 O_k，如式（9-5）所示。

$$O_k = \varphi(N_k) = \varphi\left(\sum_{i=1}^{q} W_{ki}\varphi\left(\sum_{j=1}^{M} W_{ij} * x_i + \theta_i\right) + a_k\right) \tag{9-5}$$

9.1.2.2　计算训练误差

根据 BP 神经网络定义可知其误差函数为：

$$E = \frac{1}{2}\sum_{J=1}^{J}\sum_{i=0}^{m-1}(t_J - O_J)^2 \tag{9-6}$$

式中，m 为输出节点个数；J 为训练样本个数，根据误差公式可以计算出训练误差如式（9-7）所示。

$$E_k = O_k(1 - O_k)(T_k - O_k) \tag{9-7}$$

判断训练误差是否小于设置的期望误差（ε），若满足则结束训练若不满足则重复训练网络和误差计算。

9.1.2.3 计算输出

根据以上分析思路，网络模型的输出用公式表示如式（9-8）所示。

$$O_1 = \varphi\left(\sum_{i=1}^{J} W_{1i}\varphi\left(\sum_{j=1}^{M} W_{ij} * x_i + \theta_i\right) + a_1\right) \tag{9-8}$$

式中，W 为网络各层之间的权值；θ_i 表示隐含层第 i 个节点的阈值；a_1 表示输出层第 1 个节点的阈值，它们均由网络训练得出，其具体算法详见参考文献，且隐含层数设置目前没有科学明确的确定方法，本模型参考文献给出的经验公式（9-9）所示。

$$N_H = \sqrt{N_i} * \sqrt{N_0} + N_P/2 \tag{9-9}$$

式中，N_H 为隐含层的理论最佳数目；N_i 为输入层节点数；N_0 为输出层节点数；N_P 为训练样本数。

9.1.3 方法的建模实例

本节将利用 BP 神经网络对房产价格进行预测，具体做法为，收集大量房产交易案例为训练样本，运用样本对 BP 神经网络进行训练构建网络模型，再输入需要预测的房产经过非线性变换得出模型预测的房产价格。

首先需要确定影像房产价格的因素有哪些，根据《中国房地产估价师实务手册》、特征价格理论以及该领域相关的文献选取以下 15 个指标为影响房产价格的因子，包括：到 CBD 距离（P_1）、交通便捷度（P_2）、教育配套（P_3）、文体设施（P_4）、生活配套（P_5）、自然环境（P_6）、建筑物设施设备（P_7）、成新率（P_8）、户型（P_9）、朝向（P_{10}）、楼层（有无电梯）（P_{11}）、小区环境（P_{12}）、物业管理（P_{13}）、通风采光（P_{14}）、装修情况（P_{15}）。因为 BP 神经网络模型需要对训练样本进行计算，因此需要对每个房产样本进行去量纲化的量化处理，故价格指标及其量化方法采用 7.6 小节所用方法。

训练样本矩阵的构建，根据以上量化方法，每个样本包含 15 个输入值以及 1 个期望价格为输出值，则假设在有 J 个样本时，则可以构建样本矩阵如式（9-10）所示。

$$\begin{array}{ccccccc} & \overline{X}_1 & \overline{X}_2 & \cdots & \overline{X}_I & \cdots & \overline{X}_{16} \\ Y_1 & x_{1,1} & x_{1,2} & \cdots & x_{1,I} & \cdots & x_{1,16} \\ Y_2 & x_{2,1} & x_{2,2} & \cdots & x_{2,I} & \cdots & x_{2,16} \\ \vdots & \vdots & \vdots & & \vdots & & \vdots \\ Y_J & x_{J,1} & x_{J,2} & \cdots & x_{J,I} & \cdots & x_{J,16} \end{array} \tag{9-11}$$

BP 神经网络模型的构建可以用 matlab 软件神经网络工具箱实现如下图所示，在本例中构建一个 15 个输入、1 个输出、隐含层神经元个数为 8、最大训练次数为 15000、学习率为 0.001、各初始权值均为 1 的 BP 神经网络核心源码如下：

```
clear all
clc
p = xlsread('jiaoyianlilianghuajieguo. xlsx ',' Sheet1 ',' B2:Q12 ');
P = p';
T = xlsread('jiaoyianlilianghuajieguo. xlsx ',' Sheet1 ',' R2:R12 ');
[Pn,minp,maxp,Tn,mint,maxt] = premnmx(P,T);
net = newff(Pn,Tn,[8],{'tansig','purelin'},'traingd');
inputWeights = net. IW{1,1};
inputbias = net. b{1};
layerWeights = net. IW{1,1};
layerbias = net. b{2};
net. trainParam. epochs = 15000;
net. trainParam. goal = 0. 0001;
net. trainParam. lr = 0. 001;
net. trainParam. max_fail = 20;
net = train(net,Pn,Tn);
simT = sim(net,Pn);
plot(Tn);
hold on
plot(simT,' r')
p2 = xlsread('yuceshuju. xlsx ',' Sheet1 ',' A2:P2 ');
P2 = p2';
P2n = tramnmx(P2,minp,maxp);
a2n = sim(net,P2n);
a2 = postmnmx(a2n,mint,maxt);
```

根据以上原理，选取了 10 处房产进行预测实验，实验结果如表 9-1 所示。

表 9-1　待估房产模型估算价格与实际成交价格统计表

待估房产序号	模型估算价格/元	实际成交价格/元	误差价格/元	误差百分比/%
1	2112160	2107300	4860	0. 23
2	1635911	1631400	4511	0. 28
3	1006947	1036500	−29553	2. 85
4	1129927	1113500	16427	1. 48
5	2420721	2400900	19821	0. 83
6	897056	924500	−27444	2. 91
7	1177800	1170000	7800	0. 67
8	1228240	1195000	33240	2. 78
9	891401	921000	−29599	3. 21
10	1501760	1482000	19760	1. 33

9.2 自编码器建模方法

自编码器的想法一直是神经网络历史景象的一部分，传统自编码器被用于降维或特征学习。近年来，自编码器与潜变量模型理论的联系将自编码器带到了生成式建模的前沿。自编码器可以被看作是前馈网络的一个特例，并且可以使用完全相同的技术进行训练，通常使用小批量梯度下降法（其中梯度基于反向传播计算）。不同于一般的前馈网络，自编码器也可以使用再循环训练，这种学习算法基于比较原始输入的激活和重构输入的激活。

自编码器是神经网络的一种，经过训练后能尝试将输入复制到输出。自编码器内部有一个隐藏层 h，可以产生编码（code）表示输入。该网络可以看作由两部分组成：一个由函数 $h = f(x)$ 表示的编码器和一个生成重构的解码器 $r = g(h)$。如果一个自编码器只是简单地学会将此处设置为 $g(f(x)) = x$，那么这个自编码器就没什么特别的用处。相反，我们不应该将自编码器设计成输入到输出完全相等。这通常需要向自编码器强加一些约束，使它只能近似地复制，并只能复制与训练数据相似的输入。这些约束强制模型考虑输入数据的哪些部分需要被优先复制，因此它往往能学习到数据的有用特性。自编码的一般结构如图 9-2 所示，通过内部表示或编码 h 将输入 x 映射到输出（称为重构）r，自编码器具有两个部件：编码器 f（将 x 映射到 h）和解码器 g（将 h 映射到 r）。

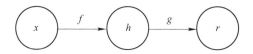

图 9-2　自编码器的一般结构

常用的自编码器有欠完备自编码器、去噪自编码器、收缩自编码器、稀疏自编码器和预测稀疏分解。

9.2.1　欠完备自编码器

将输入复制到输出听起来没什么用，但我们通常不关心解码器的输出。相反，我们希望通过训练自编码器对输入进行复制而使 h 获得有用的特性。

从自编码器获得有用特征的一种方法是限制 h 的纬度比 x 小，这种编码纬度小于输入纬度的自编码器称为欠完备（undercomplete）自编码器。学习欠完备的表示将强制自编码器捕捉训练数据中最显著的特征。

学习过程可以简单地描述为最小化一个损失函数：

$$L(x, g(x)) \tag{9-11}$$

式中，L 是一个损失函数，惩罚与 x 的差异，如均方误差。当解码器是线性的且 L 是均方误差，欠完备的自编码器会学习出与 PAC 相同的生成子空间。这种情况下，自编码器在训练来执行复制任务的同时学到了训练数据的主元子空间。

因此，拥有非线性编码器函数 f 和非线性解码器函数 g 的自编码器能够学习出更强大

的 *PAC* 非线性推广。但是，如果编码器和解码器被赋予过大的容量，自编码器会执行复制任务而捕捉不到任何有关数据分布的有用信息。

9.2.2　去噪自编码器

去噪自编码器（Denoising Autoencoder，DAE）是一类接受损坏数据作为输入，并训练来预测原始未被损坏数据作为输出的自编码器。

DAE 的训练过程如图 9-3 所示，引入一个损坏过程 $C(\tilde{x}|x)$，这个条件分布式代表给定数据样本 x 产生损坏样本的概率。自编码器根据以下过程，从训练数据对 $(x, \tilde{x})$ 中学习重构分布（reconstruction distribution）$p_{\text{reconstruct}}(x|\tilde{x})$：

（1）从训练数据中采一个训练样本 x。

（2）从 $C(x|\tilde{x}=x)$ 采一个损坏样本 $\tilde{x}$。

（3）将 $(x, \tilde{x})$ 作为训练样本来估计自编码器的重构分布 $p_{\text{reconstruct}}(x|\tilde{x}) = p_{\text{decoder}}(x|h)$，其中 h 是编码器 $f(\tilde{x})$ 的输出，p_{decoder} 根据解码函数 $g(h)$ 定义。

通常可以简单地对负对数似然 $-\lg p_{\text{decoder}}(x|h)$ 进行基于梯度法（如小批量梯度下降）的近似最小化。只要编码器是确定性的，去噪自编码器就是一个前馈网络，并且可以使用与其他前馈网络完全相同的方式训练。如图 9-3 所示，去噪自编码器被训练为从损坏的版本 $\tilde{x}$ 重构干净数据点 x。这可以通过最小化损失 $L = -\lg p_{\text{decoder}}(x|h=f(\tilde{x}))$ 实现，其中 $\tilde{x}$ 是样本 x 经过损坏过程 $C(\tilde{x}|x)$ 后得到的损坏版本。通常，分布 p_{decoder} 是因子的分布（平均参数由前馈网络 g 给出）。

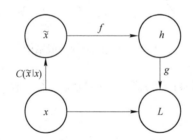

图 9-3　去噪自编码器代价函数计算图

因此可以认为 DAE 是在以下期望下进行随机梯度下降：

$$-I\!E_{x \sim \hat{p}_{\text{data}}(x)} I\!E_{\tilde{x} \sim C(\tilde{x}|x)} \log p_{\text{decoder}}(x|h=f(\tilde{x})) \qquad (9\text{-}12)$$

式中，$\hat{p}_{\text{data}}(x)$ 是训练数据的分布。

9.2.3　收缩自编码器

收缩自编码器在编码 $h=f(x)$ 的基础上添加了显式的正则项，鼓励 f 的导数尽可能小：

$$\Omega(h) = \lambda \left\| \frac{\partial f(x)}{\partial x} \right\|_F^2 \qquad (9\text{-}13)$$

惩罚项 $\Omega(h)$ 为平方 Frobenius 范数（元素平方之和），作用于与编码器的函数相关偏导数的 Jacobian 矩阵。

去噪自编码器和收缩自编码器之间存在一定联系：在小高斯噪声的限制下，当重构函数将 x 映射到 $r = g(f(x))$ 时，去噪重构误差与收缩惩罚项是等价的。换句话说，去噪自编码器能抵抗小且有限的输入扰动，而收缩自编码器使特征提取函数能抵抗极小的输入扰动。

分类任务中，基于 Jacobian 的收缩惩罚预训练特征函数 $f(x)$，将收缩惩罚应用在 $f(x)$ 而不是 $g(f(x))$ 可以产生更好的分类精度。

9.2.4 稀疏自编码器

稀疏自编码器是一种无监督机器学习算法，通过计算自编码的输出与原输入的误差，不断调节自编码器的参数，最终训练出模型。稀疏自编码器简单地在训练时结合编码层的稀疏惩罚 $\Omega(h)$ 和重构误差：

$$L(x, g(f(x))) + \Omega(h) \tag{9-14}$$

式中，$g(h)$ 是解码器的输出；通常 h 是编码器的输出，即 $h = f(x)$。

稀疏自编码器一般用来学习特征，以便用于像分类这样的任务。稀疏正则化的自编码器必须反映训练数据集的独特统计特征，而不是简单地充当恒等函数。以这种方式训练，执行附带稀疏惩罚的复制任务可以得到能学习有用特征的模型。

可以认为整个稀疏自编码器框架是对带有潜变量的生成模型的近似最大似然训练。而不将稀疏惩罚视为复制任务的正则化。假如我们有一个带有可见变量 x 和潜变量 h 的模型，且具有明确的联合分布 $p_{\text{model}}(x, h) = p_{\text{model}}(h) p_{\text{model}}(x, h)$。我们将 $p_{\text{model}}(h)$ 视为模型关于潜变量的先验分布，表示模型看到 x 的信念先验。对数似然函数可分解为

$$\lg p_{\text{model}}(x) = \lg \sum_h p_{\text{model}}(h, x) \tag{9-15}$$

我们可以认为自编码器使用一个高似然值的点估计近似这个总和。h 的最大化如下：

$$\lg p_{\text{model}}(h, x) = \lg p_{\text{model}}(h) + \lg p_{\text{model}}(x \mid h) \tag{9-16}$$

$\lg p_{\text{model}}(h)$ 项能被稀疏诱导。如 Laplace 先验，

$$p_{\text{model}}(h_i) = \frac{\lambda}{2} e^{-\lambda |h_i|} \tag{9-17}$$

对应与绝对值稀疏惩罚。将对数先验表示为绝对值惩罚，我们得到

$$\Omega(h) = \lambda \sum_i |h_i| \tag{9-18}$$

$$-\log p_{\text{model}}(h) = \sum_i \left(\lambda \left| h_i - \lg \frac{\lambda}{2} \right| \right) = \Omega(h) + \text{const} \tag{9-19}$$

这里的常数项只跟 λ 有关。通常我们将视为超参，因此可以丢弃不影响参数学习的常数项。

9.2.5 预测稀疏分解

预测稀疏分解（Predictive Sparse Decomposition，PSD）是稀疏编码和参数化自编码器

的混合模型。参数化编码器被训练为能预测迭代推断的输出。PSD 被应用于图片和视频中对象识别的无监督特征学习,在音频也有所应用。这个模型由一个编码器 $f(x)$ 和一个解码器 $g(h)$ 组成,并且都是参数化的。在训练过程中,由优化算法控制。优化过程是最小化

$$\|x - g(h)\|^2 + \lambda \|h\|_1 + \gamma \|h - f(x)\|^2 \tag{9-20}$$

就像稀疏编码,训练算法交替地相对 h 和模型的参数最小化上述目标。相对 h 最小化较快,因为 $f(x)$ 提供 h 的良好初始值已经损失函数将 h 约束在 $f(x)$ 附近。简单的梯度下降算法只需 10 步左右就能获得理想的 h。

PSD 所使用的训练程序不是先训练稀疏编码模型,然后训练 $f(x)$ 来预测稀疏编码的特征。PSD 训练过程正则化解码器,使用 $f(x)$ 可以推断出良好编码的参数。

预测稀疏分解是学习近似推断(learned approximate inference)的一个例子。PSD 能够被解释为通过最大化模型的对数似然下界训练有向稀疏编码的概率模型。

在 PSD 的实际应用中,迭代优化仅在训练过程中使用。模型被部署后,参数编码器 f 用于计算已经习得的特征。相比通过梯度下降推断 h,计算 f 是很容易的。因为 f 是一个可微带参函数,PSD 模型可堆叠,并用于初始化其他训练准则的深度网络。

9.2.6 应用实例

本节使用去噪自编码器对图像数据进行去噪处理,具体做法为:先收集大量的遥感影像作为训练样本,用 matlab 将遥感影像裁剪为 320×320 的图像。将裁减好的图像按照 $5:1$ 的比例分成训练数据集和测试数据集。在处理好的训练集上对降噪自编码器进行训练,同样对加入高斯白噪声的测试数据进行编码解码恢复。

Matlab 裁剪代码如下:

```
clc;clear
file_path = 'E:\train_data\pic\';% 图像文件夹路径
dst_path = 'C:\Users\Administrator\Desktop\img\';% 分割后保存路径
img_path_list = dir(strcat(file_path,'*.jpg'));% 获取文件夹中所有 jpg 格式的图像
img_num = length(img_path_list);% 获取图像总数量
num = 0;
if img_num > 0
for j = 1:img_num% 逐一读取图像
image_name = img_path_list(j).name;% 图像名
image = imread(strcat(file_path,image_name));
[m,n,l] = size(image);% 获取尺寸
fprintf('% d% d% s\n',j,strcat(file_path,image_name));% 显示正在处理的图像名
% 图像处理过程
for x = 1:11
for y = 1:11
m_start = 1 + (x - 1) * 320;
m_end = x * 320;
n_start = 1 + (y - 1) * 320;
```

```
n_end = y * 320;
AA = image(m_start:m_end, n_start:n_end, :);%将每块读入矩阵
num = num + 1;
imwrite(AA, [dst_path num2str(num) '. jpg'], 'jpg');%保存每块图片
end
end
end
end
```

在本例中，选择 0.5m 分辨率 Pleiades 高分遥感影像作为数据源，经过裁剪后获得 1417 张样本图片，按照 5∶1 的比例将样本数据集分为 1181 张训练数据和 236 张测试数据（见图 9-4）。

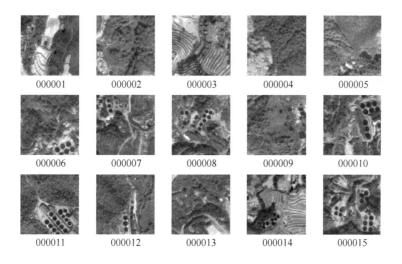

图 9-4   样本数据集

在 python 中将训练集和测试集转为灰度图像并保存为 numpy 专用的二进制格式 data. npz，代码如下：

```
import os
import random
from PIL import Image
import numpy as np
# this function is for read image, the input is directory name
def read_directory(directory_name, rate):
    # this loop is for read each image in this foder, directory_name is the foder name with images.
    pathDir = os. listdir(directory_name) #取图片的原始路径
    filenumber = len(pathDir)
    picknumber = int(filenumber * rate)    #按照 rate 比例从文件夹中取一定数量图片
    sample = random. sample(pathDir, picknumber)    #随机选取 picknumber 数量的样本图片
    print(len(sample))
    array_of_img = [] # this if for store all of the image data
```

```
    for filename in sample：
        image = Image. open( directory_name +"/" + filename)
        img = image. convert("L")
        image_arr = np. array( img) # 转化成 numpy 数组
        array_of_img. append( image_arr)
    return array_of_img
if__name__ = ='__main__'：
    directory_name =" C：/Users/Administrator/Desktop/img/"
    x_train = read_directory( directory_name,5. 0/6. 0)
    x_test = read_directory( directory_name,1. 0/6. 0)
    np. savez(" data ",x_train = x_train,x_test = x_test)
```

最后用训练集对去噪自编码器进行训练，迭代 20 次后，损失值保持稳定。然后对测试集加入高斯白噪声，并用训练好的模型对测试数据进行编码解码恢复。核心代码如下：

```
#去噪自编码器
from keras. layers import Input,Convolution2D,MaxPooling2D,UpSampling2D
from keras. models import Model
import numpy as np
import matplotlib. pyplot as plt
from keras. callbacks import TensorBoard


path =" C：/Users/Administrator/Desktop/data. npz "
f = np. load( path)
x_train = f[' x_train ']
x_test = f[' x_test ']
f. close( )
x_train = x_train. astype(' float32 ') / 255.
x_test = x_test. astype(' float32 ') / 255.
x_train = np. reshape( x_train,( len( x_train),320,320,1))
x_test = np. reshape( x_test,( len( x_test),320,320,1))
#添加噪声
noise_factor = 0. 2
x_train_noisy = x_train + noise_factor * np. random. normal( loc = 0. 0,scale = 1. 0,size = x_train. shape)
x_test_noisy = x_test + noise_factor * np. random. normal( loc = 0. 0,scale = 1. 0,size = x_test. shape)
x_train_noisy = np. clip( x_train_noisy,0. ,1. ) #[0. ,1. ]
x_test_noisy = np. clip( x_test_noisy,0. ,1. )
#卷积池化
input_img = Input( shape = ( 320,320,1))
x = Convolution2D( 32,( 3,3),activation =' relu ',padding =' same ')( input_img)
x = MaxPooling2D( pool_size = ( 2,2),padding =' same ')( x)
x = Convolution2D( 32,( 3,3),activation =' relu ',padding =' same ')( x)
encoded = MaxPooling2D( pool_size = ( 2,2),padding =' same ')( x)
x = Convolution2D( 32,( 3,3),activation =' relu ',padding =' same ')( encoded)
```

```
x = UpSampling2D( size = ( 2,2 ) )( x )
x = Convolution2D( 32 , ( 3,3 ) , activation = ' relu ' , padding = ' same ' )( x )
x = UpSampling2D( ( 2,2 ) )( x )
decoded = Convolution2D( 1 , ( 3,3 ) , activation = ' sigmoid ' , padding = ' same ' )( x )
#训练模型
autoencoder = Model( inputs = input_img , outputs = decoded )
autoencoder. compile( optimizer = ' adam ' , loss = ' binary_crossentropy ' )
autoencoder. summary( )

# 打开一个终端并启动 TensorBoard,终端中输入 tensorboard – – logdir = /autoencoder
autoencoder. fit( x_train_noisy , x_train , epochs = 20 , batch_size = 2 ,
        shuffle = True , validation_data = ( x_test_noisy , x_test ) ,
        callbacks = [ TensorBoard( log_dir = ' autoencoder ' , write_graph = False) ] )
```

实验对比结果如图 9-5 所示，第一行为原始数据，第二行是添加噪声后的数据，第三行是添加过噪声的数据经过去噪自编码器还原之后的数据。由下图的对比可以看出，去噪自编码器的去噪效果比较好。

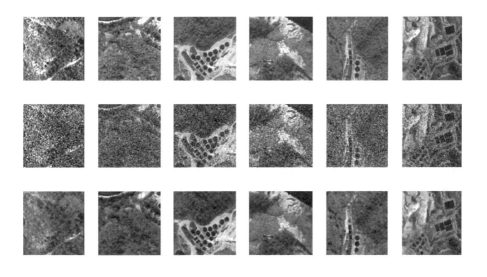

图 9-5　实验效果图

9.3　分形理论及建模方法

9.3.1　分形理论简介

分形的概念是美籍数学家曼德布罗特（Mandelbort）首先提出的，1967 年他在美国权威的《科学》杂志上发表了题为《英国的海岸线有多长》的著名论文。海岸线作为曲线，其特征是极不规则、极不光滑的，呈现极其蜿蜒复杂的变化。我们不能从形状和结构上区分这部分海岸与那部分海岸有什么本质的不同，这种几乎同样程度的不规则性和复杂性，说明海岸线在形貌上是自相似的，也就是局部形态和整体形态的相似。在没有建筑物或其他东西作为参照物时，在空中拍摄的 100km 长的海岸线与放大了的 10km 长海岸线的两张照片，看上去会十分相似。

事实上，具有自相似性的形态广泛存在于自然界中，如：连绵的山川、飘浮的云朵、岩石的断裂口、布朗粒子运动的轨迹、树冠、花菜、大脑皮层……曼德布罗特把这些部分与整体以某种方式相似的形体称为分形（fractal）。1975 年，他创立了分形几何学（fractalgeometry）。在此基础上，形成了研究分形性质及其应用的科学，称为分形理论（fractaltheory）。分形是指其组成部分以某种方式与整体相似的几何形态（shape），或者是指在很宽的尺度范围内，无特征尺度却有自相似性和自仿射性的一种现象。分形是一种复杂的几何形体，但不是所有的复杂几何形体都是分形，唯有具备自相似结构的那些几何形体才是分形。

分形理论主要研究和揭示复杂的自然现象和社会现象中所隐藏的规律性、层次性和标度不变性，为人们通过部分认识整体、从有限中认识无限提供了一种新的视角和分析工具。分形理论是在"分形"概念的基础上升华和发展起来的。分形的外表结构极为复杂，但其内部却是有规律可循的。比如，连绵起伏的地表形态，复杂多变的气候过程、水文过程以及许多社会经济现象都是分形理论的研究对象。分形的类型有自然分形、时间分形、社会分形、经济分形、思维分形等。

分形理论自其诞生以来，就被广泛地应用于各个领域，从而形成了许多新的学科生长点。随着分形理论在地理学研究中的应用，到 20 世纪 90 年代，已逐渐形成了一个新兴的分支学科—分形地理学。

9.3.2   分形维数的定义与计算

分形维数是分形理论中非常重要的概念，其应用在各个领域中都有很好的发展，是定量的表示自相似的随机分形状态，因此，理解分形维数的概念及其测算方法对于分形的研究有非常重要的意义。

9.3.2.1   拓扑维数

一个几何对象的拓扑维数等于确定其中一个点的位置所需要的独立坐标数目，比如，对于二维平面中的一条曲线，要确定其中任一点的位置，需要在 x 轴和 y 轴上各取一个值，同时这对值需要满足曲线方程关系，所以，这个几何对象虽然用了两个坐标，但独立的只有一个，因此，其维数为 1，在三维空间中描述一条曲线，需要两个方程，因此在三个坐标中独立的也只有一个。通常把上述定义的维数也称为拓扑维数。

对于一个二维几何体——边长为一个单位的正方形，若用尺度 $r = 1/2$ 的小正方形去分割，则覆盖它所需要的小正方形的数目 $N(r)$ 和尺度 r 满足如下关系

$$N\left(\frac{1}{2}\right) = 4 = 1 \bigg/ \left(\frac{1}{2}\right)^2 \tag{9-21}$$

若 $r = 1/4$，则 $N\left(\frac{1}{4}\right) = 16 = 1\bigg/\left(\frac{1}{4}\right)^2$；

当 $r = 1/k\,(k = 1,2,3,\cdots\cdots)$ 时，则 $N\left(\frac{1}{k}\right) = k^2 = 1\bigg/\left(\frac{1}{k}\right)^2$；

可以发现，尺度不同，小正方形数目也不同，但他们的负二次方指数关系不变，这个指数 2 正是正方形的维数。

对于一个三维几何体——边长为单位长度的正方体，同样可以验证，尺度 r 和覆盖它所需要的小正方体的数目满足：

$$N(r) = 1/r^3 \qquad (9\text{-}22)$$

一般的，如果用尺度为 r 的小盒子覆盖一个 d 维的几何体，则覆盖所需要的小盒子数目 $N(r)$ 和所用尺度 r 的关系为：

$$N(r) = 1/r^d \qquad (9\text{-}23)$$

则两边同时取对数得：

$$d = \frac{\ln N(r)}{\ln(1/r)} \qquad (9\text{-}24)$$

则上式则是拓扑维数的定义。

9.3.2.2 Hausdorff 维数

假设要研究的分形维数 U 为整体，将 U 分割成 N 个大小和形状几乎相同的图形，每一个图形的大小是原图形的 ε 倍，其维数为：

$$D_0 = \lim_{\varepsilon \to 0} \frac{\ln N(r)}{\ln\left(\dfrac{1}{r}\right)} \qquad (9\text{-}25)$$

上式就是 Hausdorff 给出的分形维数的定义，故称为 Hausdorff 分形维数，通常简称为分维，分维 D_0 大于拓扑维数而小于分形所位于的空间维数。

如果设尺度 r 测得覆盖海岸线的盒子数为 $N(r)$，海岸线的长度为 $L(r)$，则不难验证以下结果：

当 $r = 1/3$ 时，$N(r) = 4$，$L(r) = 4/3$；

当 $r = \left(\dfrac{1}{3}\right)^2$ 时，$N(r) = $，$L(r) = \left(\dfrac{4}{3}\right)^2$；

$$\vdots$$

当 $r = \left(\dfrac{1}{3}\right)^n$ 时，$N(r) = $，$L(r) = \left(\dfrac{4}{3}\right)^n$。

根据分维的定义，海岸线的 Hausdorff 维数是：

$$D_0 = \lim_{\varepsilon \to 0} \frac{\ln N(r)}{\ln\left(\dfrac{1}{r}\right)} = \frac{\ln 4}{\ln 3} = 1.2618 \qquad (9\text{-}26)$$

显然，$L(r)$ 与 $N(r)$ 之间的关系是

$$L(r) = N(r) * r \qquad (9\text{-}27)$$

可以看出，海岸线的维数大于它的拓扑维 1 而小于它的空间维 2。海岸线的长度不再保持不变，而随测量尺度的变小而变大，当 r 趋近于 0 时，海岸线长度趋近于无穷大，同

时当海岸线分形的自相似变换成都复杂性有所增加时，海岸线的分维也会相应增加。

9.3.2.2 标度律

分形的基本属性是自相似性。它表现为，当把尺度 r 变换为 λr 时，其自相似结构不变，只不过是原来的放大和缩小，λ 称为标度因子，这种尺度的变换不变性也称为标度不变性。标度不变性对分形来说，是一个普适的规律。对于所有分形，它们都满足：

$$N(\lambda r) = 1/(\lambda r)^{D_0} = \lambda^{-D_0} N(r) \tag{9-28}$$

对于海岸线分形，如果考虑其长度随测量尺度的变化，由公式可知

$$L(\lambda r) = \lambda r N(\lambda r) = N(r) \lambda^{1-D_0} r = \lambda^{\alpha} L(r) \tag{9-29}$$

其中 $a = 1 - D_0$ 称为标度指数，上式反映了标度变换的一种普适规律，它表明，把用尺度 r 测量的分形长度 $L(r)$ 再缩小或放大 λ 倍就和用缩小或放大了的尺度 λr 测量的长度相等，最重要的是，这种关系具有普适性，究竟普适到什么程度是由标度指数 α 来分类的，称为普适类具有相同 α 的分形属于同一普适类，由上式可以看出，同一普适类的分形也具有相同的分维 D_0。

一般情况下，可以把标度律写为：

$$f(\lambda r) = \lambda^{\alpha} f(r) \tag{9-30}$$

式中，f 为某一被标度的物理量，标度指数 α 与分维 D_0 之间存在着简单的代数关系，即

$$\alpha = d - D_0 \tag{9-31}$$

式中，d 为拓扑维数。

9.3.3 双毯覆盖分形算法及应用

分形理论是一种描述非常复杂但具有标度不变性系统的非线性科学理论，由 Pentland 于 1984 年应用到图像处理领域。分形作为图像表面不规则程度的度量，反映了图像表面在不同尺度下的变化情况，具有多尺度多分辨率变化时的不变性，成为遥感影像纹理度量的有效指标而得到广泛应用。

双毯覆盖分形模型是 Mandelbrot 在估计英国海岸线长度时所使用方法的一种推广。它将图像的灰度值看作第三维的灰度曲线，在图像灰度曲面的上下距离 ε 处构成一个厚度为 2ε 的"毯子"，ε 是计算分形参数时所取的尺度，毯子的表面积为毯子的体积除以 2ε。对于不同的距离 ε，采用如下方法计算出毯子的表面积：

令 $F(i, j)$ 代表灰度值函数，i、j 分别代表图像中像元的行列数，灰度曲面的上表面体积和下表面体积分别以 U、B 表示，初始情况下令：

$$U_0(i,j) = B_0(i,j) = F(i,j) \tag{9-32}$$

上面两张曲面随着厚度的增加按如下原则生长：

$$U_{\varepsilon}(i,j) = \max\left\{ U_{\varepsilon-1}(i,j) + 1, \max_{|(m,n)-(i,j)| \leq 1} U_{\varepsilon-1}(m,n) \right\} \tag{9-33}$$

$$B_{\varepsilon}(i,j) = \min\left\{ B_{\varepsilon-1}(i,j) - 1, \min_{|(m,n)-(i,j)| \leq 1} B_{\varepsilon-1}(m,n) \right\} \tag{9-34}$$

式（9-33）和式（9-34）中，(m, n) 是紧邻 (i, j) 的像元，U_ε 与 B_ε 分别表示曲面的上下表面积，式（9-33）确保新的上表面体积 U_ε 比 $U_{\varepsilon-1}$ 至少高 1 个单位。与式（9-33）类似，式（9-34）确保新的下表面体积 B_ε 比 $B_{\varepsilon-1}$ 至少高 1 个单位。

毯子体积计算公式如式（9-35）所示：

$$V_\varepsilon = \sum_{i,j} (U_\varepsilon(i,j) - B_\varepsilon(i,j)) \tag{9-35}$$

毯子的表面积被定义为：

$$A(\varepsilon) = \frac{V_\varepsilon}{2\varepsilon} \tag{9-36}$$

根据 Mandelbrot 的理论，分形表面积符合如下关系式：

$$A(\varepsilon) = F\varepsilon^{2-D} \tag{9-37}$$

式中，F 是常数；D 是分形维数，式（9-38）两边取对数，得关系式：

$$\lg A(\varepsilon) = \lg F + (2 - D)\lg \varepsilon \tag{9-38}$$

为了便于理解，对式（9-38）进行变换得：

$$\begin{cases} \lg A(\varepsilon) = C_1 + C_2 \lg \varepsilon \\ C_1 = \lg F \\ C_2 = 2 - D \end{cases} \tag{9-39}$$

对式（9-39），改变尺度 ε 大小，可以计算出一系列的表面积 $A(\varepsilon)$，对点对 $(\lg \varepsilon, \lg A(\varepsilon))$，采用最小二乘法进行线性回归，可求出直线斜率 C_2，据公式 $C_2 = 2 - D$，即求出分维数 D。

实验以 HJ 卫星 CCD 的赣州定南影像为例，采用双毯覆盖分形模型对其各波段及影像第一主成分分形特征分别进行定量分析；构建不同地物的分形区分度值；然后采用灰色关联度分析方法构建最佳波段选取模型；最后对最佳波段选取模型的有效性进行应用检验。

首先，利用校正精度较高的同区域 TM 影像对其进行几何校正，对校正后的影像的第 2 波段、第 4 波段、第 3 波段进行假彩色合成，并利用定南县矢量边界地图对原始影像进行裁剪，得到定南县遥感影像图。为研究 HJ 卫星 CCD 影像多光谱数据中不同地物的空间纹理特征和光谱特征，分别对该 6 种典型地物在原图像上截取多个子图像。由于研究区域属于典型南方丘陵山区，其农田面积小而破碎，所以本实验在原图像上截取子图像大小为 5×5 斑块。此外，对 CCD 多光谱主成分分析的第一主成分也作为一个波段，一并截取子图像进行分析。这些子图像是经过了实地调查验证的，能够确保土地利用类型对应于上述 6 种土地利用分类，从 4 个波段和第一主成分波段中为每个覆盖类型各选取多个子图像。

利用 MATLAB 为实验工具，对 6 类典型地物截取的子图像斑块采用双毯覆盖分形模型计算出分形值。为了使得地物分形值计算结果有代表性，分别计算每类地物多个子图像斑块，从而求出每类地物的平均分形值，如表 9-2 所示。

表 9-2　典型地物在双毯覆盖模型下的平均分形值

地物类型	双毯覆盖模型下的分形值				
	第一波段	第二波段	第三波段	第四波段	主成分波段
建设用地	2.7737	2.7563	2.7172	2.7388	2.7498
疏林地	2.6962	2.6865	2.7329	2.6832	2.7109
农田	2.7055	2.7611	2.6961	2.7164	2.7088
水体	2.6759	2.6775	2.7175	2.7707	2.7390
密林地	2.7108	2.7420	2.7083	2.6991	2.7034
裸地	2.7249	2.7152	2.7088	2.6932	2.7196

在表 9-2 中，通过双毯覆盖模型计算出的地物斑块表面分形值为 2.6 ~ 2.8，分形值总体差异不大，但是不同地物在某些特定波段，分形值差异较大，这为利用不同地物表面纹理分形值的差异来辅助地物分类和地物识别提供了实验依据。

对表 9-2 中各波段地物分形值的大小进行排序，结果如下：

第 1 波段：水体 < 疏林地 < 农田 < 密林地 < 裸地 < 建设用地；第 2 波段：水体 < 疏林地 < 裸地 < 密林地 < 建设用地 < 农田；第 3 波段：农田 < 密林地 < 裸地 < 水体 < 建设用地 < 疏林地；第 4 波段：疏林地 < 裸地 < 密林地 < 农田 < 建设用地 < 水体；主成分波段：密林地 < 农田 < 疏林地 < 裸地 < 水体 < 建设用地。从排序结果可以看出，水体在第 1、2 波段具有相对最小的分形值，而在第 4 波段和第 1 主成分波段具有相对较大分形值；建设用地在所有波段具有相对较大分形值；水体和农田在不同波段分形值相对差异较大，而其他地物在不同波段分形值均在某个较小范围波动。表 9-2 实验结果表明：同类地物在不同光谱波长的波段图像中的纹理结构存在差异。由于各波段因物理特性的差异，对不同地物的反射强度不同，进而在遥感影像上表现不同的亮度差异及不同的纹理表征。典型地物在不同光谱波段上的分形差异特征是进行分形波段选择的根本依据。

9.4　小波变换算法与建模

小波变换（Wavelet Transform，WT）是一种新的变换分析方法，它继承和发展了短时傅立叶变换局部化的思想，同时又克服了窗口大小不随频率变化等缺点，能够提供一个随频率改变的"时间 – 频率"窗口，是进行信号时频分析和处理的理想工具。它的主要特点是通过变换能够充分突出问题某些方面的特征，能对时间（空间）频率的局部化分析，通过伸缩平移运算对信号（函数）逐步进行多尺度细化，最终达到高频处时间细分，低频处频率细分，能自动适应时频信号分析的要求，从而可聚焦到信号的任意细节，解决了Fourier 变换的困难问题，成为继 Fourier 变换以来在科学方法上的重大突破。

9.4.1　小波分析理论简介

受傅里叶变换和窗口傅里叶变换的启发，可以寻找另一个单一函数的膨胀和平移来表

示信号 $f(t)$，这样的函数被称为基小波 $\varphi(t)$，它是一个函数 $\varphi(t)$ 满足积分为零的条件，即 $\int_{-\infty}^{+\infty} \varphi(t)\mathrm{d}t = 0$，其满足：

$$C_\psi = \int_{-\infty}^{+\infty} \frac{|\varphi(t)|^2}{|\omega|}\mathrm{d}\omega < \infty \tag{9-40}$$

式中，$\psi(\omega)$ 表示 $\psi(t)$ 的傅里叶变换。经平移和伸缩而产生的族函数 $\psi_{a,b}(t)$：

$$\psi_{a,b}(t) = |a|^{\frac{1}{2}}\psi\left(\frac{t-b}{a}\right), a \in R, b \in R, a \neq 0 \tag{9-41}$$

式（9-41）定义的小波称为小波基函数或母函数，式中 b 为平移的距离，a 为伸缩的尺度。

对于任意的一个函数 $f \in L^2(R)$，$L^2(R)$ 在 R 上平方可积；且基本小波 $\psi \in L^2(R)$，那么 f 的连续小波变换可定义为：

$$W_f(a,b) \leqslant f, \psi_{a,b} \geqslant |a|^{\frac{1}{2}}\int_{-\infty}^{+\infty} f(t)\psi\left(\frac{t-b}{a}\right)\mathrm{d}t \tag{9-42}$$

其中，$\varphi\left(\dfrac{t-b}{a}\right)$ 表示小波基的共轭函数。

对任意的 $f \in L^2(R)$ 及 $t \in R$，若 $f(t)$ 在 t 处连续，则可以由小波变换得到其逆变换为：

$$f(t) = C_\psi^{-1}\int_{-\infty}^{+\infty}\int_{-\infty}^{+\infty} W_f(a,b)\psi_{a,b}(t)\frac{\mathrm{d}a\mathrm{d}b}{a^2} \tag{9-43}$$

对于 $f(t_1,t_2) \in L^2(R^2)$ 的一个二维信号，用 $\psi(t_1,t_2)$ 表示其小波基函数，$\psi_{a;b_1b_2}(t_1,t_2)$ 表示 $\psi(t_1,t_2)$ 的尺度伸缩及二维位移，即：

$$\psi_{a;b_1b_2}(t_1,t_2) = \frac{1}{|a|}\psi\left(\frac{t_1-b_1}{a}-\frac{t_2-b_2}{a}\right) \tag{9-44}$$

则二维连续小波变换为：

$$W_f(a,b_1,b_2) = \frac{1}{a}\int_{-\infty}^{+\infty}\int_{-\infty}^{+\infty} f(t_1,t_2)\psi\left(\frac{t_1-b_1}{a},\frac{t_2-b_2}{a}\right)\mathrm{d}t_1\mathrm{d}t_2 \tag{9-45}$$

小波逆变换为：

$$f(t_1,t_2) = C_\psi^{-1}\int_0^{+\infty}\frac{\mathrm{d}a}{a^3}\int_{-\infty}^{+\infty}\int_{-\infty}^{+\infty} W_f(a;b_1,b_2)\psi\left(\frac{t_1-b_1}{a},\frac{t_2-b_2}{a}\right)\mathrm{d}b_1\mathrm{d}b_2 \tag{9-46}$$

$$C\psi = \frac{1}{4\pi}\int_{-\infty}^{+\infty}\int_{-\infty}^{+\infty}\frac{|\psi(\omega_1,\omega_2)|^2}{|\omega_1^2+\omega_2^2|}\mathrm{d}\omega_1\mathrm{d}\omega_2 \tag{9-47}$$

9.4.2 小波变换在图像处理中的应用

与傅里叶变换相比，小波变换是空间（时间）和频率的局部变换，因而能有效地从信号中提取信息。通过伸缩和平移等运算功能可对函数或信号进行多尺度的细化分析，小波变换联系了应用数学、物理学、计算机科学、信号与信息处理、图像处理、地震勘探等多个学科。小波变换是一种新的变换分析方法，它继承和发展了短时傅立叶变换局部化的思想，同时又克服了窗口大小不随频率变化等缺点，能够提供一个随频率改变的时间—频率窗口，是进行信号时频分析和处理的理想工具。它的主要特点是通过变换能够充分突出问题某些方面的特征，因此，小波变换在许多领域都得到了成功的应用，特别是小波变换的离散数字算法已被广泛用于许多问题的变换研究中。

自 20 世纪 70 年代图像融合概念提出，并为其定义：将多原信道所采集到的关于同一目标的图像数据经过图像处理和计算机技术等，最大限度地提取各自信道中的有利信息，最后综合成高质量的图像，以提高图像信息的利用率，改善计算机解译精度和可靠性，提升原始图像的视觉信息，即空间分辨率和光谱分辨率，以便于观察或进一步处理。小波变换图像融合法是运用小波变换对原始图像在不同频段的不同特征域上进行分解，该方法可以充分反映原始图像的局部变化特征，对分解后的图像在其特征域内进行融合，构成一个新的小波金字塔结构，再用小波逆变换即可得到合成图，如图 9-6 所示。

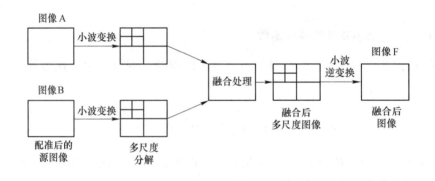

图 9-6　小波变换进行图像融合

基于小波分析的图像融合法存在三个问题，即在图像分解过程中存在最佳小波基函数、最佳小波分解层数和在融合过程中存在着融合规则的选择，其中融合规则匹配性和适应性仍然是基于小波分析图像融合领域的难题。

9.4.3　应用实例

小波算法还可以应用在遥感图像的处理中，具体包括以下几个方面：

（1）利用多个传感器提供的冗余信息可提高融合图像的精确性及可靠性。融合图像具有较强的鲁棒性，即使个别传感器故障也不会对融合图像产生严重影响；

（2）利用多个传感器提供的互补信息，融合后的图像包含了更为全面、丰富的信息，其更符合人或机器的视觉特性、更有利于对图像的进一步分析处理以及自动目标识别；

（3）在不利的环境条件下（例如烟、尘、云、雾、雨等），通过多传感器图像融合可以改善检测性能。例如，在烟、尘、云、雾环境下，TV（可见光）图像质量差（甚至无法看清目标），而毫米波雷达获得的图像对于烟、云、尘、雾却有较强的穿透能力，尽管信号会有些衰减，但仍然可获得较清晰的图像。

根据小波分解与融合的思想，可以对遥感影像中的云进行去除，具体方法为：

选取同一试验区的遥感影像两幅，对同一地区不同地方的云图像做小波分解与重构实现对云的去除目的，根据这一思想，实验选取了高分一号的影像对试验区的两幅影像的4个波段分别进行小波分解与融合达到预期目的，其结果如图9-7所示。

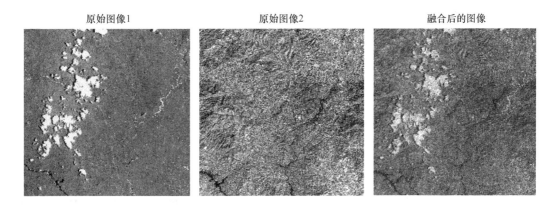

原始图像1　　　　　　　　　原始图像2　　　　　　　　融合后的图像

图9-7　小波算法分析结果

从以上实验结果可以看出，经过小波融合后有云图像均达到了去除厚云的目的，融合后图像在保证信息量的同时，也保持了地物纹理的清晰，提升了可视性。

思考与练习题

1. BP 神经网络建模方法的优点和局限性是什么？实际应用中采用何种方法克服或者改进其不足？
2. 自编码器建模方法与 BP 神经网络建模方法相比，有何优势？
3. 举例说明自编码器建模方法在地理学中的应用。
4. 举例说明分析方法在地理学中的应用。
5. 分形方法提取遥感影像纹理，与一般的纹理提取方法相比，有何优势？
6. 举例说明小波变换算法在地理学中的应用。
7. 针对一个具体的地理问题，选择本章任意一种非线性建模方法，思考如何与 GIS 技术相结合，开展地理分析。

参 考 文 献

[1] 朱月明, 潘一山, 孙可明. 关于信息定义的讨论 [J]. 辽宁工程技术大学学报：社会科学版, 2003, 5 (3)：4~6.

[2] https：//baike. baidu. com/item/信息.

[3] 闾国年, 吴平生, 陈钟明, 等. 地理信息特点的研究 [J], 2000, 23 (2)：120~125.

[4] 李德仁, 邵振峰. 论新地理信息时代 [J]. 中国科学 (F辑：信息科学), 2009, 39 (6)：579~587.

[5] 袁存忠, 邓淑丹. 地理信息大数据探讨 [J]. 测绘通报, 2016, (12)：105~107.

[6] 闵宜仁, 石勇, 牛凌峰. 中国地理信息产业发展模式及其实现路径研究 [J]. 中国软科学, 2016, (3)：184~192.

[7] 陈彦光. 地理数学方法：从计量地理到地理计算 [J]. 华中师范大学学报：自然科学版, 2005, 39 (1)：113~119.

[8] 徐建华. 地理建模方法 [M]. 北京：科学出版社, 2010.

[9] 陈超伦. 面向分布式地理模型共享的数据表达模型研究 [D]. 北京：南京师范大学, 2012.

[10] 席酉民. "问题导向" 与 "方法导向" – 谈系统工程的研究思路 [J]. 系统工程理论与实践, 1987, (1)：78~79.

[11] 李恒凯, 熊云飞, 吴立新. 面向对象的高分遥感影像离子稀土开采识别方法 [J]. 稀土, 2017, 38 (4)：38~49.

[12] 李恒凯, 陈优良, 刘加兵. 等. GIS和灰色评价的超市选址模型研究及应用 [J]. 测绘科学, 2011, 36 (3)：226~230.

[13] 王江萍, 马民涛, 张菁. 趋势面分析法在环境领域中应用的评述及展望 [J]. 环境科学与管理, 2009, 34 (1)：1~5.

[14] 唐建波, 邓敏, 刘启亮. 时空事件聚类分析方法研究 [J]. 地理信息世界, 2013, (1)：38~45.

[15] 李恒凯, 龙北平, 刘小生. 基于无偏灰色新陈代谢的大坝变形预测模型 [J]. 水电能源科学, 2011, 29 (12)：60~62.

[16] 柴彦威, 塔娜. 中国时空间行为研究进展 [J]. 地理科学进展, 2013, 32 (09)：1362~1373.

[17] 秦萧, 甄峰, 熊丽芳, 等. 大数据时代城市时空间行为研究方法 [J]. 地理科学展, 2013, 32 (9)：1352–1361.

[18] 黄杏元. 地理信息系统概论 [M]. 北京：高等教育出版社, 2008.

[19] 徐建华. 计量地理学 [M]. 北京：高等教育出版社, 2006.

[20] 张友静. 地理信息科学导论 [M]. 北京：国防工业出版社, 2009.

[21] 李恒凯, 刘小生, 陈优良. 基于GIS的区域经济统计分析模型研究及应用——以江西省为例 [J]. 地域研究与开发, 2011, 30 (4)：141~144.

[22] 承继成, 金江军. 地理数据的不确定性研究 [J]. 地球信息科学, 2007：9 (4)：1~4.

[23] 徐建华. 计量地理学. 北京：高等教育出版社 [M]. 2006.

[24] 陈彦光. 地理数学方法：基础和应用 [M]. 北京：科学出版社, 2011.

[25] 李恒凯. 南方稀土矿区开采与环境影响遥感监测与评估研究 [D]. 北京：中国矿业大学, 2016.

[26] 李恒凯, 徐齐行, 王秀丽. 房产特征价格估价模型研究及应用 [J]. 测绘科学, 2011, 36 (6)：262~264

[27] 李恒凯, 王秀丽, 刘小生. 基于GIS和PCA的住宅房产特征价格模型 [J]. 测绘科学, 2012, 37 (2)：119~122.

[28] 马雄威. 线性回归方程中多重共线性诊断方法及其实证分析 [J]. 华中农业大学学报：社会科学

版，2008，30（2）：78～81.

[29] 张鑫. 基于特征价格的二手房价格评估方法研究 [D]. 杭州：浙江大学，2007.

[30] 孙吉贵，刘杰，赵连宇. 聚类算法研究 [J]. 软件学报，2008，19（1）：48～61.

[31] 赵小娥. 湖南省 14 个地级市域经济效益评价研究 [J]. 经济地理，2015，35（8）：47～52.

[32] 王鹏，况福民，邓育武，等. 基于主成分分析的衡阳市土地生态安全评价 [J]. 经济地理，2015，35（1）：168～172.

[33] 赵明月. 基于不同空间矩阵的空间自相关模型的土地利用驱动力的研究 [D]. 济南：山东科技大学，2017

[34] 杨振山，蔡建明. 空间统计学进展及其在经济地理研究中的应用 [J]. 地理科学进展，2010，29（6）：757～768.

[35] 陶云龙. 城市住宅特征价格的空间异质性研究 [D]. 杭州：浙江大学，2015.

[36] 孙倩，汤放华. 基于空间扩展模型和地理加权回归模型的城市住房价格空间分异比较 [J]. 地理研究，2015，34（07）：1343～1351.

[37] 王坤. 重庆市轨道交通 3 号线对沿线住宅地价的影响研究 [D]. 重庆：重庆大学，2016.

[38] 宁秀红，郭龙，张海涛. 基于空间自回归和地理加权回归模型的不同尺度下土地利用程度研究 [J]. 华中农业大学学报，2013，32（04）：48～54.

[39] 张永光，王兰锋，吕开云. 小浪底水利枢纽大坝变形的灰色预测模型 [J]. 测绘科学，2006，31（6）：80～82.

[40] 吉培荣，黄巍松，胡翔勇. 无偏灰色预测模型 [J]. 系统工程与电子技术，2000，22（6）：6～8.

[41] 彭继增，孙中美，黄昕. 基于灰色关联理论的产业结构与经济协同发展的实证分析——以江西省为例 [J]. 经济地理，2015（8）：123～128.

[42] 李恒凯，刘传立. 基于灰色理论的变形智能预测模型库研究 [J]. 岩土力学，2011，32（10）：3119～3124.

[43] 李恒凯，龙北平，刘小生. 基于无偏灰色新陈代谢的大坝变形预测模型 [J]. 水电能源科学，2011，29（12）：60～62.

[44] 李恒凯，曹航. 基于 GIS 的商业网点灰色建模研究及应用 [J]. 江西理工大学学报，2010，31（2）：21～25.

[45] 李恒凯，陈优良，刘加兵，等. GIS 和灰色评价的超市选址模型研究及应用 [J]. 测绘科学，2011，36（3）：226～229.

[46] 董晓婕. 基于模糊数学的房地产估价市场比较法改进 [D]. 辽宁：辽宁大学，2014.

[47] 付善明，肖方，宿文姬，等. 基于模糊数学的广东大宝山矿横石河下游土壤重金属元素污染评价 [J]. 地质通报，2014，33（8）：1140～1146.

[48] 马丽丽，田淑芳，王娜. 基于层次分析与模糊数学综合评判法的矿区生态环境评价 [J]. 国土资源遥感，2013，25（03）：165～170.

[49] 王丽丽. 模糊数学法结合层次分析法用于清洁生产潜力评估研究 [D]. 重庆：重庆大学，2010.

[50] 周萍，文安邦，严冬春，等. 基于模糊数学理论的川南地区典型小流域生态清洁度综合评价 [J]. 水土保持通报，2019，39（01）：114～119，124.

[51] 张晓楠. 基于模糊数学的工期风险综合评价的研究 [D]. 大连：大连理工大学，2015.

[52] 王秀丽，李恒凯，刘小生. 基于 GIS 的房地产市场比较法评估模型研究 [J]. 中国土地科学，2011，25（10）：70～76，97.

[53] 李玲娇. 基于模糊数学理论的古建筑震后评估方法研究 [D]. 成都：西南交通大学，2014.

[54] 杨旭初，叶会财，李大明，等. 基于模糊数学和主成分分析的长期施肥红壤旱地土壤肥力评价 [J]. 中国土壤与肥料，2018，（03）：79～84.

[55] 杨继平, 邱菀华. 决策科学的发展和展望 [J]. 北京航空航天大学学报: 社会科学版, 2000, 13 (4): 61~64.

[56] 郑季良, 邹平. 决策分析的发展和应用 [J]. 云南师范大学学报: 哲学社会科学版, 2005, 37 (5): 66~71.

[57] Huang J P, Poh K L, Ang B W. Decision analysis in energy and environmental modeling [J]. Energy, 1995, 20 (9): 843~855.

[59] 李博, 郭俊, 李恒凯, 等. 基于模糊层次分析法的地下水资源可持续性评价研究 [J]. 长江科学院院报, 2014, 31 (2): 20~24.

[60] 赵克勤. 集对分析及其初步应用 [M]. 杭州: 浙江科技出版社, 2000.

[61] 汪新凡, 王坚强, 杨小娟. 基于二元联系数的信息不完全的群决策方法 [J]. 管理工程学报, 2014, 28 (1): 202~208.

[62] 王秀丽, 杨柳, 柏杰, 等. 融合 GIS 和集对分析的房产市场比较法评估模型 [J]. 江西理工大学学报, 2016, 37 (4): 55~60.

[63] 刘鸿雁, 孔峰. VIKOR 算法在房地产估价中应用研究 [J]. 西安建筑科技大学学报: 自然科学版, 2013, 44 (5): 731~735.

[64] 彭加亮, 高雅琦, 胡金星. 房产税对上海房价的调控效应分析——基于 LLS 模型的实证研究 [J]. 华东经济管理, 2015, 29 (2): 16~21.

[65] 李恒凯, 杨柳, 王秀丽, 等. 融合 GIS 和多属性决策方法的房产批量评估模型 [J]. 测绘科学, 2017, 42 (4): 61~67.

[66] 李恒凯, 柯江晨, 王秀丽. 融 GIS 和 BP 神经网络的住宅房产评估模型 [J]. 测绘科学, 2018, 43 (8): 104~109.

[67] 李菊, 杜葵. BP 神经网络在房屋批量评估中的应用 [J]. 价值工程, 2015, 34 (3): 163~164.

[68] 李恒凯, 吴立新, 李发帅. 面向土地利用分类的 HJ-1CCD 影像最佳分形波段选择 [J]. 遥感学报, 2013, 17 (6): 1572~1586.

[69] Mandelbrot B B. The Fractal Geometry of Nature [M]. New-York: W. H. Freeman and Company, 1982.

[70] Pentland A. Fractal-based description of natural scenes. IEEE Transactions on Pattern Analysis and Machine I-ntelligence, PAMI-6, 661~674, 1984.

[71] GagnePain J J, Roques-Carmes C. Fractal approach two di-mensional and three dimensional surface roughness [J]. Wear, 1986, 109 (4): 116~126.

[72] 黄桂兰, 郑肇葆. 分形几何在影像纹理分类中的应用 [J]. 测绘学报, 1995, 24 (4): 283~292.

[73] Lam N S N. Description and measurement of Landsat TM images using fractals [J]. Photogrammetric Engin-eering and Remote Sensing, 1990, 56 (2): 187~195.

[74] 王劲峰, 廖一兰, 刘鑫. 空间数据分析教程 [M]. 北京: 科学出版社, 2010.

[75] 徐建华, 陈睿山. 地理建模教程 [M]. 北京: 科学出版社, 2017.

[76] 李恒凯, 欧彬, 刘雨婷. 基于 MOD17A3 的南岭山地森林区植被 NPP 时空分异分析 [J]. 西北林学院学报, 2017, 32 (6): 197~202.

[77] 李恒凯, 欧彬, 刘雨婷. 基于高光谱参数的竹叶叶绿素质量分数估算模型 [J]. 东北林业大学学报, 2017, 45 (5): 44~48.

[78] 屈伟, 李博, 李恒凯, 等. 基于模糊层次分析法的西南岩溶地区煤层顶板水害危险性评价方法研究 [J]. 矿业安全与环保, 2014, 41 (4): 59~62.

[79] 李博, 郭小铭, 徐爽, 等. 基于灰色关联分析法的织金县比那泉水质评价 [J]. 贵州师范大学学报: 自然科学版, 2013, 31 (6): 1~3.

［80］李恒凯，王秀丽，刘小生，等. 背景值智能修正的基坑变形灰色预测模型［J］. 工程勘察，2012，40（5）：60～63.

［81］王秀丽，李恒凯. 滑坡变形的回归—神经网络预测模型研究［J］. 人民黄河，2012，34（7）：90～92.

［82］李博，郭俊，李恒凯，等. 基于模糊综合判别的岩溶地区煤层顶板涌（突）水危险性总体评价［J］. 中国煤炭，2012，（8）：51～54.

［83］李恒凯，王秀丽，刘德儿. 基于 GM（1，1）的水资源预测模型库系统设计［J］. 人民黄河，2010，32（7）：51－53.

［84］陈彦光. 地理数学方法：基础和应用［M］. 北京：科学出版社，2011.

［85］刘思峰. 灰色系统理论的产生与发展［J］. 南京航空航天大学学报，2004，36（2）：267～272.

［86］刘建伟，刘媛，罗雄麟. 深度学习研究进展［J］. 计算机应用研究，2014，31（7）：1921～1930.

［87］李世雄，物理. 小波变换及其应用［M］. 北京：高等教育出版社，1997.

［88］郭彤颖，吴成东，曲道奎. 小波变换理论应用进展［J］. 信息与控制，2004，33（1）：67～71.

［89］唐向宏，李齐良. 时频分析与小波变换［M］. 北京：科学出版社，2016.

［90］庄至凤，姜广辉，何新，等. 基于分形理论的农村居民点空间特征研究－以北京市平谷区为例［J］. 自然资源学报，2015，30（9）：1534～1546.